MANUAL
EL ADULTO MAYOR FUNCIONAL

UNA EXPERIENCIA PRÁCTICA

Olga Suárez Landazábal

Compiladora

UNIVERSIDAD METROPOLITANA

GRUPO DE INVESTIGACIÓN EDUCACIÓN,
SALUD Y REHABILITACIÓN, EDUSAR
2018

EL ADULTO MAYOR FUNCIONAL

UNA EXPERIENCIA PRÁCTICA

ISBN (ebook): 978-0-359-21625-3
ISBN (print):   978-0-359-21626-0

Editores: Norella Ortega Ariza
                   Dougglas Hurtado Carmona

Oficina de Comunicaciones y Mercadeo.
Diseño de portada: Estefani Del Villar Conrado. **Diagramación:** Yoveris Solano Arrieta.
Ilustraciones: Adaptadas por Estefani Del Villar Conrado del Banco de Imágenes de Shutterstock
con licencia de la Universidad Metropolitana.

Barranquilla, 2018

Presentación

El envejecimiento es inherente al ser humano, por tanto, a medida que avanzamos en edad se van dando cambios en los diferentes sistemas del organismo, que lentamente harán evidente la disminución de las capacidades y habilidades, aunque esto no significa que se llegue a la discapacidad que limite en gran consideración las diferentes actividades. La meta al llegar a la última etapa de nuestra vida, la vejez, y convertirnos en adultos mayores es seguir siendo funcionales y autónomos para seguir siendo productivos, activos y dispuestos a seguir creciendo en alguno de los ámbitos escogidos por nosotros.

Con el fin de hacer un aporte hacia el logro de mantener la funcionalidad en edades avanzadas, el grupo de investigación Educación, Salud y Rehabilitación, EDUSAR, entrega para su aplicación el Manual El Adulto Mayor Funcional: Una experiencia práctica, donde se plantean actividades desde diferentes disciplinas tales como fisioterapia, fonoaudiología, terapia ocupacional y nutrición y dietética, para generar una cultura de hábitos saludables que redundarán en una mejor condición de salud en la población adulta mayor que cada día se hace más visible dentro de la sociedad.

Olga Suárez Landazábal
Líder grupo de Investigación
Educación, Salud y Rehabilitación,
EDUSAR

Contenido

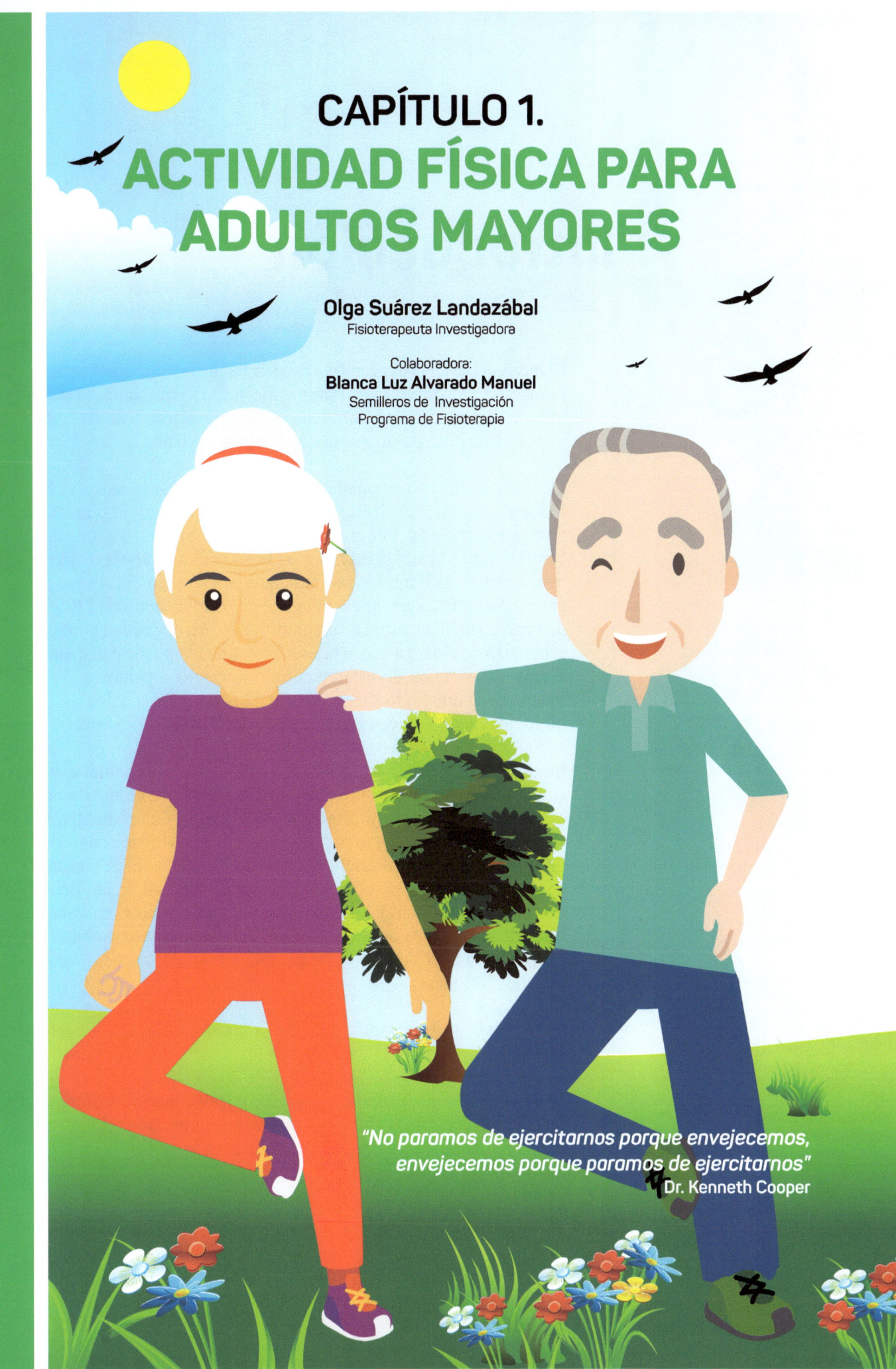

CAPÍTULO 1.
ACTIVIDAD FÍSICA PARA ADULTOS MAYORES

Olga Suárez Landazábal
Fisioterapeuta Investigadora

Colaboradora:
Blanca Luz Alvarado Manuel
Semilleros de Investigación
Programa de Fisioterapia

*"No paramos de ejercitarnos porque envejecemos,
envejecemos porque paramos de ejercitarnos"*
Dr. Kenneth Cooper

Introducción

El incremento en la expectativa de vida ha llevado al aumento de la población de adultos mayores, por tanto, para conservar la independencia y autonomía de esta población es de vital importancia incorporar programas de ejercicio físico.

Definitivamente no se puede negar la relación entre la actividad física y por ende, del ejercicio físico y la buena salud, ya que están comprobados los beneficios de ésta sobre el organismo, convirtiendo a la actividad física en la manera más eficaz de hacer más lentos los diferentes cambios que se viven en el proceso de envejecimiento. La realización de algún tipo de actividad físico-deportiva sin lugar a dudas es sinónimo de mejor calidad y mayor esperanza de vida, ya que la práctica continuada puede ganar entre diez y veinte años de diferencia con respecto a personas de la misma edad que no lo hacen gracias a los beneficios fisiológicos, biológicos, psicológicos y sociales que derivan de su práctica.

La etapa de la vejez debe ser vivida a plenitud como cualquier otra etapa, donde se tengan proyectos, se aprenda, se comparta con otros y se lleven a cabo diferentes actividades que redunden en emociones positivas, pero para ello hay que prepararse con estilos de vida saludables en diferentes aspectos. Por ello se hace hincapié en el mantenimiento y mejoramiento de la condición física, entendida según Clarke, como la habilidad de realizar un trabajo físico diario con vigor y efectividad, que tiene como producto el retraso de la aparición de la fatiga, con menor gasto energético y evitando lesiones.

El objetivo de este capítulo es dar a conocer algunos aspectos relevantes sobre la actividad física en los adultos mayores para que sean practicados con regularidad y de esta forma generar mejor condición física en esta población previniendo problemas músculo-esqueléticos y/o cardiovasculares entre otros, y lograr así mantener la independencia y autonomía tan importantes en el ser humano.

La motivación del adulto mayor frente al ejercicio

La búsqueda constante de salud y bienestar del hombre debe ir encaminada a mejorar el estilo de vida, por tanto, una conducta que debe ser practicada regularmente es la realización de la actividad física, destacando dentro de ella el ejercicio.

Para realizar cualquier actividad se requiere la suficiente motivación que me lleve a cumplirla, por ello es importante que existan los estímulos que muevan a la persona a realizar determinadas acciones, unido esto a la voluntad de querer hacerlo.

A medida que las personas envejecen se producen modificaciones y alteraciones en su estado de salud física y psicológica. Estos cambios son progresivos e inevitables, pero se ha demostrado que el ritmo de degeneración se puede modificar con la realización de actividad física, ya que el ejercicio puede ayudar a mantener o mejorar tanto las capacidades funcionales: la flexibilidad, el equilibrio, la fuerza, la agilidad y la resistencia aeróbica, como el estado mental, con lo cual una persona mejora significativamente su calidad de vida.

Una de las principales razones para realizar actividad física es la necesidad de mantener mi funcionalidad, mi independencia, mi autonomía, aspectos valiosos en la vida de todo ser humano. En este sentido es importante definir estos términos; la funcionalidad es la capacidad de cumplir determinadas actividades o funciones requeridas en el diario vivir, significa esto, que el anciano sano es aquel capaz de enfrentar el proceso de cambio con un nivel adecuado de adaptabilidad funcional y satisfacción personal.

En cuanto a la independencia, esta es entendida como la capacidad de desempeñar las funciones relacionadas con la vida diaria, es decir vivir en la comunidad recibiendo poca o ninguna ayuda de los demás, mientras que la Autonomía es la capacidad de tomar decisiones por sí solos y afrontar las consecuencias de ello de acuerdo a preferencias propias y los requerimientos del entorno.

Por otra parte, cuando se hace ejercicio la persona se va a sentir muy bien, esto tiene una explicación física y psicológica debido a que el cerebro segrega endorfinas que son conocidas como las hormonas de la felicidad, haciéndote sentir muy bien porque sabes que estás haciendo lo correcto. Esta es una de la formas de darle solución a la depresión que se presenta con frecuencia en esta etapa de la vida.

Cuando haces ejercicio es una oportunidad que te estás dando para cuidar de ti mismo, tanto así, que el hecho de quemar calorías te permite tener el peso ideal o disminuir la obesidad. También se logra despertar el deseo de vivir, generando posiblemente proyectos que te mantendrán ocupado.

Se debe destacar que el ejercicio no detiene el envejecimiento, pero mejora la calidad de vida teniendo en cuenta los cambios fisiológicos y psicológicos que ocurren durante este proceso, constituyendo un factor de plenitud y alegría de vivir.

Cavani et al. sugieren que un programa multimodal compuesto por estiramiento o un componente aeróbico, además de ejercicios de resistencia, mejora de manera significativa el rendimiento en tareas de salud funcional en adultos mayores que viven en forma independiente en la comunidad. Más específicamente, los componentes de la aptitud funcional que incluyen fuerza de extremidad superior e inferior, el equilibrio, la agilidad y la flexibilidad mejoran con la realización de este tipo de programa de ejercicios.

Otros autores (Topp R, Boardley D, Morgan AL, Fahlman M, McNevin) han sugerido que los distintos tipos de ejercicios, que incluyen entrenamiento aeróbico, de resistencia, y un programa combinado aeróbico-resistencia producen aumentos en la capacidad funcional; sin embargo, los cambios en la función parecen más evidentes después del entrenamiento de resistencia. Esto sugiere que este tipo de entrenamiento es el medio más adecuado para mejorar el rendimiento funcional en adultos mayores.

Objetivos de la actividad física

"No hacer ninguna actividad física puede ser muy negativo, no importa su edad o estado de salud. Tenga en mente que alguna actividad física es mejor que ninguna"

La actividad física regular es un aspecto importante para el adulto mayor ya que ésta puede prevenir muchos de los problemas que parecen venir con la edad, además de ayudar a los músculos a ser más fuertes para seguir haciendo sus actividades del día a día sin depender de otros.

Diferentes reportes investigativos concluyen que la disminución de la masa muscular y por ende de la fuerza son las causantes de la marcada pérdida de la funcionalidad e independencia de los adultos mayores, situación que es contrarrestada por medio de la práctica regular de actividad física.

Los adultos mayores deben tener actividad física, ya que esta ayuda a:
- Conservar y mantener la fuerza muscular para poder seguir siendo independiente.
- Tener más energía para hacer las cosas que desea hacer.
- Mantener peso adecuado evitando la obesidad.
- Prevenir o detener algunas enfermedades como la hipertensión arterial, la diabetes, el infarto del miocardio agudo, trombosis y embolismos, entre otras.
- Evitar la aparición de osteoporosis y atrofias.
- Aumentar la eliminación de colesterol, disminuyendo el riesgo de arteriosclerosis.
- Mejorar su estado de ánimo.
- Disminuir el estado de depresión.
- Mejorar el equilibrio.
- Mejorar la velocidad de andar.
- Mejorar los reflejos.

Niveles de intensidad de la actividad física

La intensidad se refiere al ritmo que se realiza la actividad es decir "el esfuerzo que uno pone en realizar la actividad".

La intensidad refleja la velocidad a la que se realiza la actividad, o la magnitud del esfuerzo requerido para realizar un ejercicio o actividad. Se puede estimar preguntándose cuánto tiene que esforzarse una persona para realizar esa actividad.

La intensidad de las diferentes formas de actividad física varía según las personas, dependiendo de la forma física de las mismas.

La intensidad se clasifica en:

1. Intensidad leve: corresponde a los movimientos que no requieren mucho esfuerzo como caminar normalmente, levantarnos de una silla.

2. Intensidad moderada: corresponde al esfuerzo que aumenta los latidos de nuestro corazón, el ritmo de la respiración y se tendrá sensación de calor y sudoración, pero se puede seguir conversando. La única recomendación en este tipo de actividad es no hablar mientras se realiza.

Ejemplos de actividad física moderada son:
- Caminar a paso rápido.
- Bailar.
- Jardinería.
- Tareas domésticas.
- Participación activa en juegos y deportes con niños y paseos con animales domésticos.
- Desplazamientos de cargas moderadas (Menor de 20 Kg.)

3. **Intensidad vigorosa:** son aquellas en las que hacemos esfuerzo que aumenta de manera importante los latidos de nuestro corazón y nuestro ritmo de respiración, mientras se hace se puede decir sólo algunas palabras, de lo contrario se tiene que parar para tomar aire.

Ejemplos de actividad física vigorosa son:
- Ascender a paso rápido o trepar por una ladera.
- Desplazamientos rápidos en bicicleta.
- Natación rápida.
- Deportes y juegos competitivos (por ejemplo fútbol, voleibol, baloncesto, tenis).
- Trabajo intenso con pala o excavación de zanjas.
- Desplazamiento de cargas pesadas (Mayor de 20 Kg.)

Si usted tiene 60 años de edad o más, puede realizar cualquiera de las siguientes tres opciones planteadas por la Organización Mundial de la Salud (OMS).

- Dedique 150 minutos *semanales* a realizar actividades físicas moderadas aeróbicas, o bien algún tipo de actividad física vigorosa aeróbica durante 75 minutos, o una combinación equivalente de actividades moderadas y vigorosas.
- La actividad se practicará en sesiones de 10 minutos, como mínimo.
- Realice una mezcla de actividad física moderada, más ejercicios de fortalecimiento muscular en dos o más días de la semana y trabaje los grupos musculares mayores (piernas, caderas, hombros, y brazos).

Hay que tener en cuenta que los adultos con dificultades de movilidad deberán dedicar tres o más días a la semana a realizar sus actividades para la mejora de su equilibrio. Cuando los adultos de mayor edad no puedan realizar la actividad física recomendada debido a su estado de salud, se mantendrán físicamente activos en la medida en que se lo permita su estado.

En los adultos mayores se debe tener mucho cuidado al momento de realizar una actividad física, ya que puede resultar lesionado especialmente aquellos con enfermedades crónicas no transmisibles como las cardiovasculares y la diabetes, quienes deben tomar más precauciones y consultar al médico y fisioterapeuta antes de iniciar la actividad física.

Fases del ejercicio

El ejercicio requiere de unas fases para que cumpla su objetivo y no se produzcan molestias; estas fases se explican a continuación a fin de que se realice adecuadamente cada una de ellas.

Fase de estiramiento

Se debe empezar con ejercicios de estiramiento o de flexibilidad como un pre calentamiento.

El Estiramiento se refiere únicamente a ejercicios que producen una elongación o alargamiento de las articulaciones, tendones o músculos, pero sin necesidad de una contracción muscular.

El precalentamiento prepara a todo el organismo para los más exigentes esfuerzos, favoreciendo el rendimiento y evitando posibles lesiones. Es decir: Evita lesiones como esguinces, rotura de fibras, contracturas, etc., favorece el aumento de temperatura muscular e incluso corporal, esto trae consigo que la elasticidad muscular mejore, así como una disminución de la viscosidad. También se evitan estas lesiones gracias a una mejora de la coordinación, el ritmo y la atención. Evita lesiones en el aparato cardiorrespiratorio al aumentar generalmente la frecuencia cardiaca, respiratoria y la circulación sanguínea, con lo que el organismo se prepara para un posterior esfuerzo mucho mayor.

Mejora el rendimiento: fuerza, resistencia, velocidad, flexibilidad, agilidad, etc. se ven mejoradas después de un buen calentamiento.

Mejora la motivación y concentración: las primeras sensaciones físicas, psicológicas y ambientales son muy importantes. Se comienza a conocer la instalación deportiva, adaptarse al ambiente que nos rodea, etc.

Estos se deben realizar de la cabeza a los pies, tal como se muestra en las siguientes gráficas donde se empieza con el cuello, se sigue con los miembros superiores:

Gráfica 1

10 segundos cada lado   20 segundos   5 segundos

Partiendo de la posición neutra se hará flexión o llevar la cabeza contra el pecho y extensión del cuello, o llevar la cabeza hacia atrás, de manera suave y pausada, respetando el rango de movimiento de cada adulto.

Gráfica 2

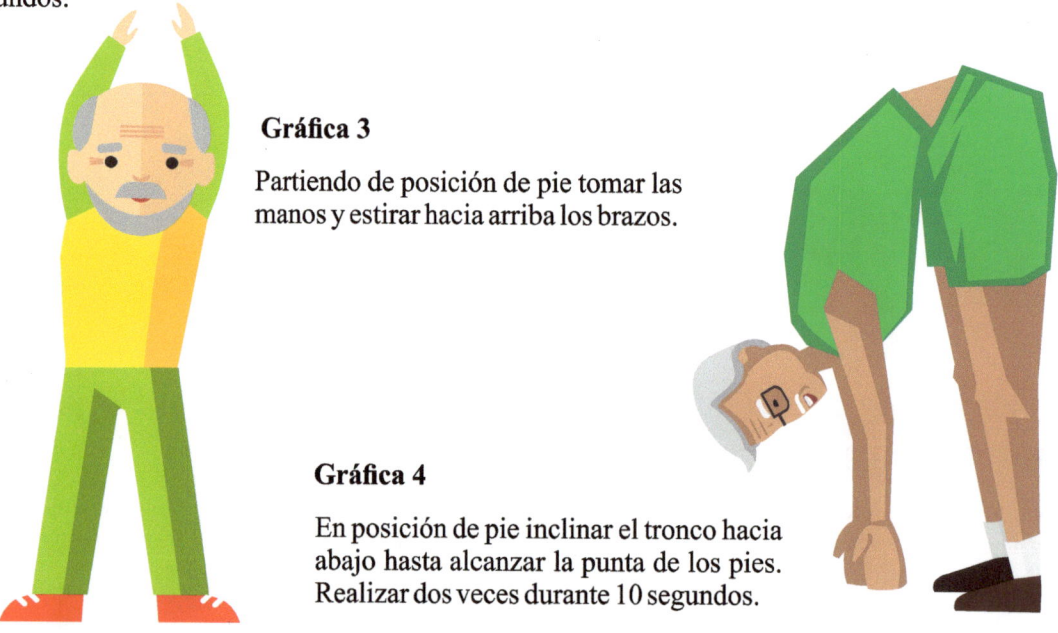

10 segundos
cada lado

20 segundos

2 veces 5 segundos
cada una

15 segundos
cada brazo

2 veces 5 segundos
cada una

15 segundos

15 segundos cada
brazo

15 segundos

Se realizan ejercicios de estiramiento de tronco haciendo inclinaciones a los lados; estiramiento de los miembros superiores tal como se muestran en los dibujos, manteniendo el estiramiento por 10 o 15 segundos.

Gráfica 3

Partiendo de posición de pie tomar las manos y estirar hacia arriba los brazos.

Gráfica 4

En posición de pie inclinar el tronco hacia abajo hasta alcanzar la punta de los pies. Realizar dos veces durante 10 segundos.

Gráfica 5

Para estirar los cuádriceps (músculos anteriores del muslo) y la rodilla, nos sujetaremos la parte posterior del pie derecho con la mano, tirando de él lentamente hacia las nalgas. Si es necesario puede apoyar su mano en la pared para mantener el equilibrio. Realizar 30 segundos en cada pierna.

Gráfica 6

En posición sentado sobre una cama con las piernas abiertas lo más estiradas posible, llevar los brazos y tocar la punta de los pies. Mantener por 15 segundos cada pierna. Otra forma se hacerlo más fácil es sentado al borde de una silla, con una pierna doblada con el pie apoyado en el suelo, mientras que la otra pierna estará extendida o estirada lo más recta posible. Con los brazos estirados intentará tocar los dedos del pie y luego cambiará de pierna estirada y hará la misma acción.

Fase de calentamiento

El calentamiento, como su nombre indica, aumenta la temperatura de los músculos, prepara los ligamentos y las articulaciones para los esfuerzos que deberán realizar posteriormente, por lo que, debe convertirse en una práctica habitual o de costumbre al realizar ejercicio, ya que te ofrece muchas ventajas, pero, sobre todo, disminuye el riesgo de lesión.

El calentamiento "es el conjunto de actividades y/o ejercicios, de carácter general primero y luego específico, que se realizan antes de comenzar cualquier actividad física donde la exigencia del esfuerzo sea superior a la habitual, con objeto de preparar el organismo para que pueda alcanzar el máximo rendimiento".

La finalidad del calentamiento es conseguir que nuestro organismo alcance un nivel óptimo de rendimiento de forma eficaz para que, desde el comienzo del esfuerzo, podamos rendir al máximo.

Si se ha calentado antes de realizar la actividad física, serás capaz de dar lo mejor de ti mismo desde el primer momento. Por tanto, es fundamental calentar antes de realizar cualquier esfuerzo físico.

Si no se hace, tu organismo tendrá que adaptarse rápida e inadecuadamente, rendirá peor y tendrás más posibilidades de sufrir alguna lesión.

En esta fase se realizará una caminata que se iniciará a paso suave durante 5 a 10 minutos.

Fase de acondicionamiento

Fase de Fortalecimiento o acondicionamiento: busca aumentar la masa muscular y la fuerza muscular, evitando así una de las principales causas de incapacidad y de caídas. Además la contracción de la masa muscular es el principal estímulo para aumentar la densidad ósea.

Los ejercicios de fortalecimiento desarrollan músculos. El mantener los músculos en forma, ayuda a prevenir caídas que ocasionan problemas como una rotura o quebradura de cadera.

Lo más importante es fortalecer los miembros inferiores, eso dará seguridad y confianza.

Ejercicios para miembros superiores

Gráfica 7

En posición de pie y con los brazos a los costados, se coloca una liga o banda elástica sostenida por los pies (pisando la liga) esta debe ser tomada con ambas manos y se realiza una flexión de hombro hasta los noventa grados (90°) de movimiento, se deberá mantener siempre la espalda erguida o recta y la cabeza alineada, con la vista al frente, el movimiento se puede hacer de manera bilateral o alternando los brazos. Repetir 10 veces cada lado.

Gráfica 8

En posición de pie y con la banda elástica sostenida por debajo de los pies se toma con ambas manos y con los brazos pegados al tórax se inicia el movimiento de abducción de hombro, es decir, llevar el brazo del centro del pecho lateralmente hacia afuera hasta los 90° y se regresa a la posición inicial; este ejercicio se puede hacer de forma alternada o con los 2 brazos de manera simultánea. Realizar dos series de 5 repeticiones.

Gráfica 9

En posición de pie con los brazos pegados al costado del cuerpo y los codos en flexión a 90°, se toma una cinta elástica que se sostendrá por debajo de los pies y se hará flexión completa de codo. En dos secciones, repetir 10 veces con 30 segundos de descanso.

14

Ejercicios para miembros inferiores en posición sentado

Gráfica 10

En posición sentado y con la espalda erguida o derecha se coloca una banda elástica amarrada de un extremo a una de las patas de la silla y el otro extremo alrededor del tobillo y se realiza una extensión de rodilla completa y luego se regresa a la postura de partida, siempre se hará de manera alternada para que la banda elástica pueda realizar su función que es la de producir una resistencia. Repetir por 20 segundos.

Gráfica 11

Se coloca una banda elástica alrededor de ambos pies o de un solo pie y se lleva éste hacia arriba, luego se lleva hacia abajo o plantiflexión, alternando el pie con el que se trabaja. Con este ejercicio se fortalecen los músculos que rodean el tobillo. Repetir este movimiento 5 veces en cada pie en 2 series.

Ejercicios para miembros inferiores en posición de pie

Gráfica 12

De pie se amarra un extremo de una cinta o banda elástica a una barra y el otro extremo de la cinta se coloca alrededor del tobillo y se hace una flexión de cadera hasta los 45° de movimiento, e igualmente se dobla la rodilla pudiéndose hacer los movimientos primero con una pierna y luego con la otra pierna. Este ejercicio se repetirá 10 veces en 2 series con 20 segundos de descanso. Si es necesario puede apoyarse en la pared o en una silla.

Gráfica 13

Con una banda elástica atada a una barra y alrededor del tobillo en posición de pie se hará el movimiento de extensión de cadera o de llevar la pierna hacia atrás, hasta los treinta grados (30°) de movimiento de manera alternada, es decir, primero una pierna y luego la otra durante 30 segundos en cada pierna. Si es necesario puede apoyarse en la pared o en una silla.

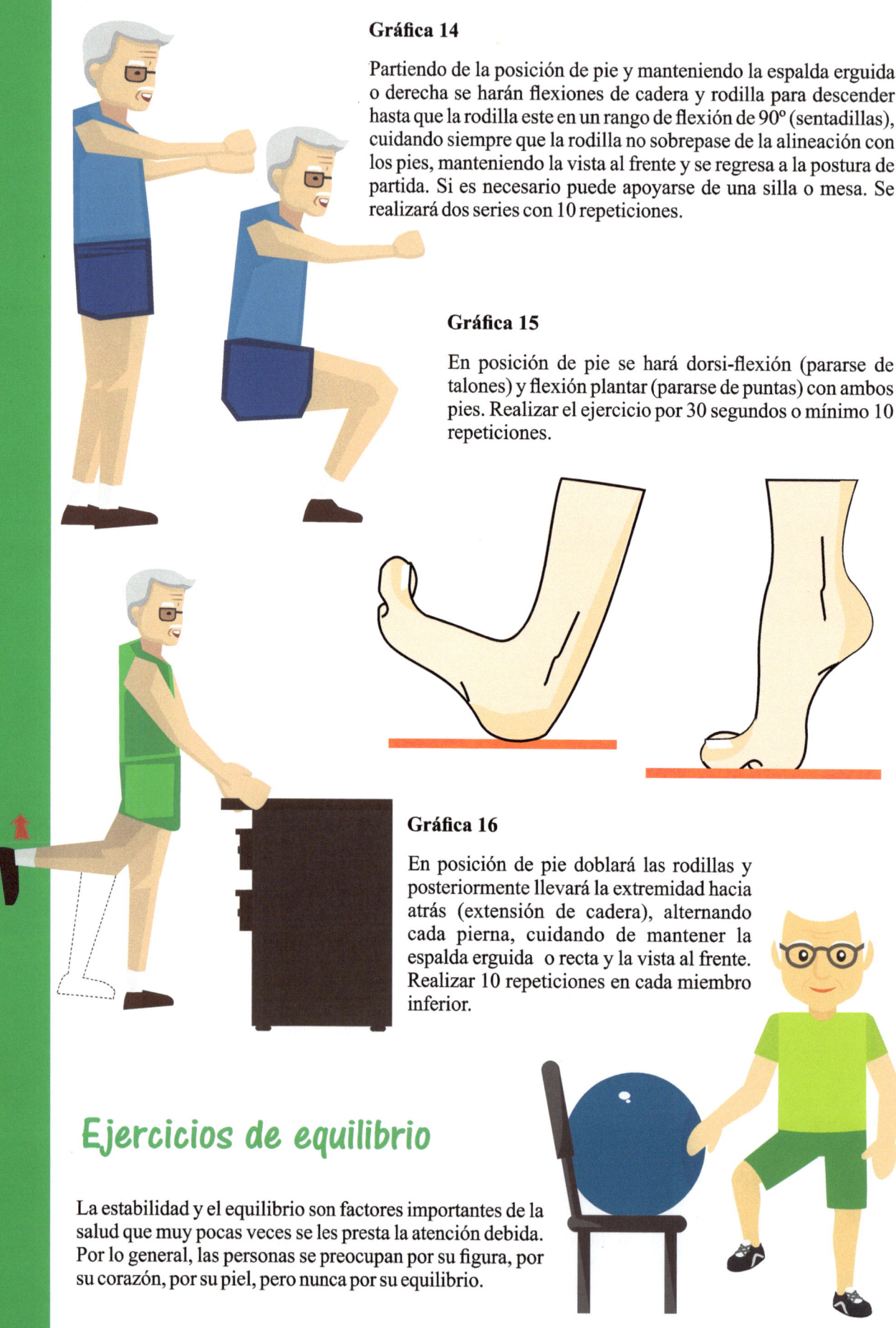

Gráfica 14

Partiendo de la posición de pie y manteniendo la espalda erguida o derecha se harán flexiones de cadera y rodilla para descender hasta que la rodilla este en un rango de flexión de 90º (sentadillas), cuidando siempre que la rodilla no sobrepase de la alineación con los pies, manteniendo la vista al frente y se regresa a la postura de partida. Si es necesario puede apoyarse de una silla o mesa. Se realizará dos series con 10 repeticiones.

Gráfica 15

En posición de pie se hará dorsi-flexión (pararse de talones) y flexión plantar (pararse de puntas) con ambos pies. Realizar el ejercicio por 30 segundos o mínimo 10 repeticiones.

Gráfica 16

En posición de pie doblará las rodillas y posteriormente llevará la extremidad hacia atrás (extensión de cadera), alternando cada pierna, cuidando de mantener la espalda erguida o recta y la vista al frente. Realizar 10 repeticiones en cada miembro inferior.

Ejercicios de equilibrio

La estabilidad y el equilibrio son factores importantes de la salud que muy pocas veces se les presta la atención debida. Por lo general, las personas se preocupan por su figura, por su corazón, por su piel, pero nunca por su equilibrio.

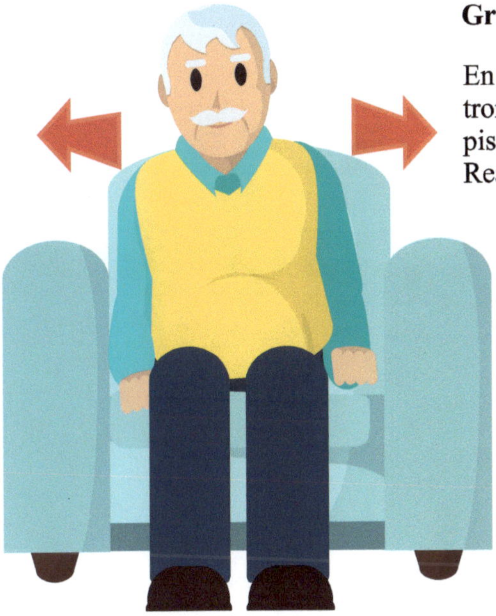

Gráfica 17

En posición sentado realizar balanceos o inclinaciones del tronco hacia la derecha e izquierda con los pies firmes en el piso y haciendo los movimientos de manera alternada. Realizar 10 repeticiones.

Gráfica 18

En posición sentado realizar balanceos con el tronco hacia delante y atrás con los pies firmes en el piso. Realizar 10 repeticiones.

Gráfica 19

En posición de pie realizar balanceos sobre cada una de las extremidades inferiores (piernas) dejando caer el peso del cuerpo en la pierna que se encuentra apoyada en el piso, haciendo los movimientos de forma alternada. Realizar 10 repeticiones.

Gráfica 20

En posición de pie con las extremidades inferiores en posición neutra, desplazar una pierna hacia delante unos 15 centímetros dejando caer el peso del cuerpo sobre ella y luego desplazar hacia el punto de partida la pierna y desplazarla hacia atrás unos 10 centímetros dejando caer el peso del cuerpo hacia atrás.

Gráfica 21

En posición bípeda y con ambas piernas juntas en posición neutra, caminar sobre una línea, previamente trazada en el piso con los pies sobre la línea. Se puede usar un balón e irlo rebotando para incrementar la dificultad del ejercicio. Realizar dos series de ida y dos series de venida.

Observación: el número de repeticiones se puede ir incrementando a medida que Ud. sienta que lo realiza con mayor facilidad. Tiempo de la fase acondicionamiento: 20 a 25 minutos

Fase de enfriamiento y vuelta a calma

Por último, y no por eso menos importante, se debe realizar un adecuado enfriamiento o vuelta a la calma luego del movimiento.

El **enfriamiento y vuelta a la calma** se define como el proceso posterior a una actividad física con carácter de esfuerzo que tiene por finalidad restituir al organismo y regresar a los valores metabólicos y neuromusculares que se tenían en la situación inicial de reposo. Son los ejercicios realizados para reducir progresivamente la intensidad del esfuerzo.

Durante la vuelta a la calma es conveniente realizar alguna actividad como caminar o pedalear, aplicar técnicas de relajación y respiración, facilitar el retorno venoso por ejemplo, elevando las piernas, para mejorar el transporte sanguíneo y eliminar el ácido láctico acumulado.

Es imprescindible el adecuado enfriamiento luego de cualquier ejercicio, ya que con ello la persona ejercitada podrá recuperarse adecuadamente sin sobrecargar su cuerpo a medida que avanza el entrenamiento y así, evitar posibles lesiones o fatigas musculares de gran severidad y podrá volver al día siguiente a la práctica con mayor vitalidad.

Luego de la actividad física, es necesario enfriar gradualmente al cuerpo. Es similar al calentamiento o a la entrada en calor, se debe bajar la intensidad primero trotando ligeramente y luego caminando para disminuir la frecuencia cardíaca y la temperatura corporal, este proceso puede durar entre 5 a 10 minutos.

Estiramiento: En la vuelta a la calma, el músculo está más receptivo al estiramiento que en la entrada en calor, por tanto los ejercicios de flexibilidad, ahora sí, deben realizarse en posturas estáticas sosteniéndolas por lo menos 30 segundos.

El estiramiento tiene en esta etapa una importancia mayor que al principio de la actividad, por tanto tienes que dedicarle más tiempo. Se realiza tal como se explicó al inicio.

Al final de todo, es conveniente permanecer tumbado unos minutos sin hacer nada percibiendo el estado del cuerpo y concentrándose en la respiración, para de ese modo mejorar la recuperación.

Glosario

ABDUCCIÓN DE LAS EXTREMIDADES: consiste en llevar la parte del cuerpo que se va a trabajar hacia afuera.

BALANCEO: movimiento que hace un cuerpo cuando se inclina de un lado y al otro, o hacia delante y hacia atrás.

BILATERAL: relativo a ambos lados en este caso las extremidades (brazos, piernas, etc.).

DORSIFLEXIÓN: extensión del pie o movimiento del pie hacia arriba.

FATIGA MUSCULAR: la incapacidad para seguir generando un nivel de fuerza o una intensidad de ejercicio determinada.

EJERCICIOS AERÓBICOS: es el ejercicio físico que necesita de la respiración, son los ejercicios más comunes como: caminar, trotar, nadar y bailar.

ELASTICIDAD MUSCULAR: capacidad de alargamiento de los músculos y de recuperación en la posición inicial.

FASE DE CALENTAMIENTO: estiramientos activos de los músculos, más intensos y más cortos.

FASE DE ENFRIAMIENTO: estiramientos de los músculos menos intensos y más largos.

MASA MUSCULAR: se refiere a los músculos que se extienden a lo largo del cuerpo humano (sistema muscular).

MOTIVACIÓN: impulso que conduce a una persona a elegir y realizar una acción entre aquellas alternativas que se presentan en una determinada situación..

PLANTIFLEXIÓN: movimiento o flexión del pie hacia abajo.

RANGO DE MOVIMIENTO: es el recorrido disponible de una articulación determinada que viene definido por su anatomía. La restricción del movimiento por la configuración ósea de la articulación, así como por las limitaciones ligamentosas, determina el movimiento articular o rango de movilidad.

SOBRECARGA MUSCULAR: es el trabajo en exceso de un conjunto de músculos.

Bibliografía

Barry HC, Eathorne SW. Exercise and aging. Issues for the practitioner. Med. Clin. North Am; 1994; 78 (2): 357-76.

Cavani, V, Mier CM, Musto AA, Tummers N. Effects of a 6-Week Resistance-training Program on Functional Fitness of Older Adults. J Aging Phys Act 2002; 10(4): 443-452.

Escalante L, Pila H. La condición física. Evolución histórica de este concepto. EFDeportes.com, Revista Digital. Buenos Aires. 2012; 17(170).

Garcés E. Actividad física y hábitos saludables en personas mayores. Instituto de Migraciones y Servicios Sociales, Ministerio de Trabajo y Asuntos Sociales. 2004

Gómez JF. Fragilidad, Funcionalidad y Envejecimiento. Revista de la Asociación Colombiana de Geriatría y Gerontología 2002; 16(3).

Gómez R. Prevención de lesiones. Beneficios del calentamiento y estiramientos. Disponible en http://blog.clinisalud.com/estiramientos-calentamiento/.

Larson EB, Bruce RA. Health benefits of exercise in an aging society. Arch Intern Med; 1987; 147(2): 353-6.

Montoro A, Palop MV. Nuevas tendencias sobre actividad física en personas mayores para promover un envejecimiento activo y saludable. Disponible en: http://docplayer.es/12120935-Nuevas-tendencias-sobre-actividad-fisica-en-personas-mayores-para-promover-un-envejecimiento.htm.

Ministerio de Salud Senama. Gobierno de Chile. Manual del cuidado de personas mayores dependientes y con pérdida de autonomía. 2009. Disponible en: http://web.minsal.cl/portal/url/item/c2c4348a0dbd9a8be040010165012f3a.pdf.

Organización Mundial de la Salud. Envejecimiento activo: un marco político. Rev Esp Geriatr Gerontol 2002; 37(Supl 2):74-105.

Organización Mundial de la Salud. ¿Qué se entiende por actividad moderada y actividad vigorosa? Disponible en http://www.who.int/dietphysicalactivity/physical_activity_intensity/es/.

Organización Mundial de la Salud. Recomendaciones mundiales sobre la actividad física para la salud. Disponible en: http://www.who.int/dietphysicalactivity/factsheet_recommendations/es/.

Organización Panamericana de la Salud. Actividad Física para un Envejecimiento Activo. Guía Regional para la Promoción de la Actividad Física. Promover: Un Estilo de Vida para las Personas Adultas Mayores. Disponible en: www.paho.org y www.bireme.br

Organización Panamericana de la Salud. Sigamos activos para envejecer bien. 1999 Año Internacional de las Personas de Edad. Disponible en: www.paho.org

Rivera DK. Programa de actividad física en el adulto mayor independiente. 2009. Disponible en: http://www.efisioterapia.net/articulos/programa-actividad-fisica-el-adulto-mayor-independiente.

Topp R, Boardley D, Morgan AL, Fahlman M, Mcnevin N. Exercise and functional tasks among adults who are functionally limited. West J Nurs Res 2005; 27(3): 252-70.

Vandervoort A. effects of ageing on human neuromuscular function: implications for exercise. Can J Sport Sci 1992; 17(3): 178-84.

CAPÍTULO 2.
FUNCIONALIDAD EN EL LENGUAJE DEL ADULTO MAYOR

Rosa Bornacelli Vergara
Fonoaudióloga Investigadora

Colaboradoras:
María José Paez Coll
Cintya Borja
Semilleros de Investigación
Programa de Fonoaudiología

"Jamás un hombre es demasiado viejo para recomenzar su vida y no hemos de buscar que lo que fue le impida ser lo que es o lo que será"

Miguel de Unamuno

Introducción

Una metáfora humanista considera la vejez como la última etapa de un largo viaje o peregrinación a lo largo de la vida. En este viaje se ha ganado experiencia, conocimiento del mundo y de las personas, sabiduría, al mismo tiempo que se ha producido un desgaste, un cansancio y una debilitación. Pensando en esto último, es importante que esta etapa de la vida sea tan agradable y placentera como todas las anteriores.

Desde el abordaje Fonoaudiológico, teniendo como centro la interacción comunicativa que tiene como eje central el lenguaje, se encontrará en este manual, una serie de actividades dirigidas directamente al adulto mayor, a la familia y al personal de cuidadores. Esta busca favorecer el lenguaje del adulto mayor en las áreas de habla, lenguaje y audición, mediante la realización de actividades dirigidas por personas pertenecientes a su entorno, la interacción comunicativa del adulto en un punto de equilibrio haciendo participe a todos los que viven y comparten el entorno.

Mantengamos el lenguaje en el adulto mayor

En el día a día, el lenguaje mantiene el vínculo del adulto mayor con la vida misma, con su contexto familiar y social. Si este no se continúa cultivando tendremos poco a poco un adulto solitario que se negará a recordar y se limitará a olvidar.

Entonces somos nosotros, los que formamos parte de ese entorno, (familiares, amigos, cuidadores) quienes nos vamos a encargar de utilizar herramientas para mantener el lenguaje en el adulto, para mantener el discurso que hará de este adulto mayor un ser participativo e integrado en su contexto.

Otros aspectos que van unidos a el lenguaje, son el habla y la audición, los cuales son determinantes en la calidad de vida. La audición se deteriora llevando a las perdidas auditivas por la edad (prebiacusia) y los cambios en el aparato estomatognático inciden en el proceso deglutorio dando paso a la (presbifagia). Este deterioro normal, debe ser también de plena atención para dar mejor calidad de vida al adulto en envejecimiento.

Actividades

A continuación, encontrará una serie de ejercicios para favorecer el lenguaje, el habla, la audición; además se incluyen recomendaciones, que guiarán el trabajo con el Adulto Mayor, para mejorar su interacción comunicativa.

Lenguaje

Actividad: REMINISCENCIA
Objetivo: Mantener el pasado personal y perpetuar la identidad de la persona.
Desarrollo: Se inicia preguntándole a cada uno de los participantes su edad, con base en eso se remontan a su época y se traen a colación temas políticos, sociales, familiares, experiencias personales de la época, ubicándolo en ella. Se le harán preguntas buscando polemizar y comparar el ayer y el hoy. Aquí se usa la estimulación, la comunicación, la socialización y el entretenimiento.
Esta técnica se usa en adultos normales y en adultos con demencia.

Actividad: GRUPOS DE BUENOS DÍAS

Objetivo: Utilizar la interacción comunicativa individual y grupal utilizando preguntas que los ubiquen y orienten en el espacio y el tiempo.

Desarrollo: Se inicia la actividad con el saludo al tiempo del día correspondiente (mañana-tarde). Se iniciará revisando un periódico del día y se comentarán las noticias, se hará mención al lugar donde se encuentran desde el centro hasta la ciudad, el barrio. Se pondrán tareas con relación a las noticias y se fijará según calendario fecha para otra sesión.
Esta técnica se usa en adultos normales y en adultos con demencia.

Actividad: CARAS

Objetivo: Mantener la memoria.

Desarrollo: Se le muestran de manera inicial fotos de personas de su contexto y se les pide que las nombre, posteriormente se les mostrarán caras de su época de personajes famosos para que ellos las nominen o identifiquen.
Se les dará como refuerzo aplausos y se anotará con puntos en un tablero al que más recuerde.

24

Actividad: JUEGO DE ROLES

Objetivo: Fortalecer la expresión verbal y corporal

Desarrollo: El juego de roles es una forma efectiva para demostrar una comunicación verbal eficaz e ineficaz. Consigue dos personas voluntarias para la demostración.

Proporciona a los voluntarios un escenario que requiera comunicación interpersonal. Aconséjalos a que usen barreras verbales en el escenario como el ruido fuerte, las altas emociones y las habilidades de escucha pobres. Después de que el escenario se desarrolle por un corto tiempo, detén a la pareja y haz que el público la evalúe. Pide a los voluntarios que tomen la crítica de la audiencia y la apliquen a un mismo escenario. Los dos voluntarios pueden desempeñar el papel de nuevo, esta vez demostrando una comunicación más efectiva.

Actividad: HISTORIA DE SECUENCIAS

Objetivo: Fortalecer el discurso con sentido, mediante la narración de sucesos.

Desarrollo: Se trabajará con una serie de láminas, de diversos contenidos teniendo en cuenta las características de los participantes y se les pedirá, que desde su punto de vista organicen y expresen una situación surgida de las láminas presentadas. De allí deben surgir preguntas que deben ser sustentadas y justificadas por los participantes.

Actividad: MORFOSINTAXIS, PALABRAS REVUELTAS

Objetivo: Favorecer el aspecto morfosintáctico a través de la actividad "palabras revueltas" con el fin de mantener la atención y la memoria operativa del adulto mayor.

Procedimiento: La actividad se dará inicio con el saludo al adulto mayor, luego se procederá a la actividad inicial, en la cual se le entregará una lámina de frases desordenadas las cuales deben armar y escribirlas al lado de forma coherente.

Material: Lámina con frases, Lapicero

Duración: 20 min

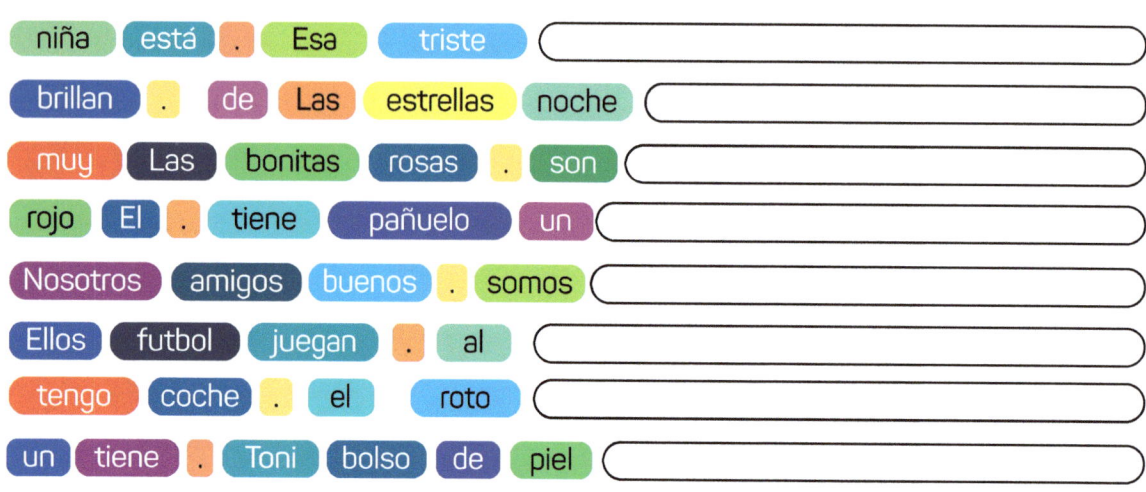

Ordena las siguientes palabras formando una frase

Actividad: UNE CON LINEAS

Objetivo: Fortalecer el aspecto semántico a través de una actividad llamada "une con líneas" con el fin de mantener la automatización de significados pertenecientes a un mismo campo semántico.

Procedimiento: Se dará inicio a la actividad con el saludo al adulto mayor y la presentación, luego se le entregará al usuario una hoja con palabras las cuales se relacionan entre sí, el paciente deberá unir con líneas las palabras que pertenezcan al mismo campo semántico.

Material: Hojas, Lapicero

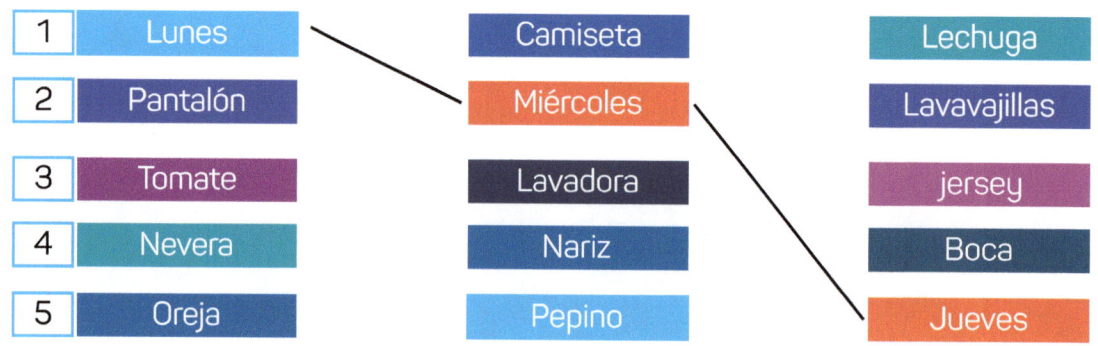

26

Nombre de la actividad: ACERTAR LA IMAGEN
Objetivo: Potenciar la capacidad de denominación a través de la actividad, acertar la imagen con el fin de que no pierda su memoria a largo plazo.
Desarrollo de la actividad: Ponga debajo de cada imagen el nombre del objeto que represente.
Respuestas esperadas: Que el adulto identifique correctamente los nombres de los objetos.
Tiempo: 3 min.

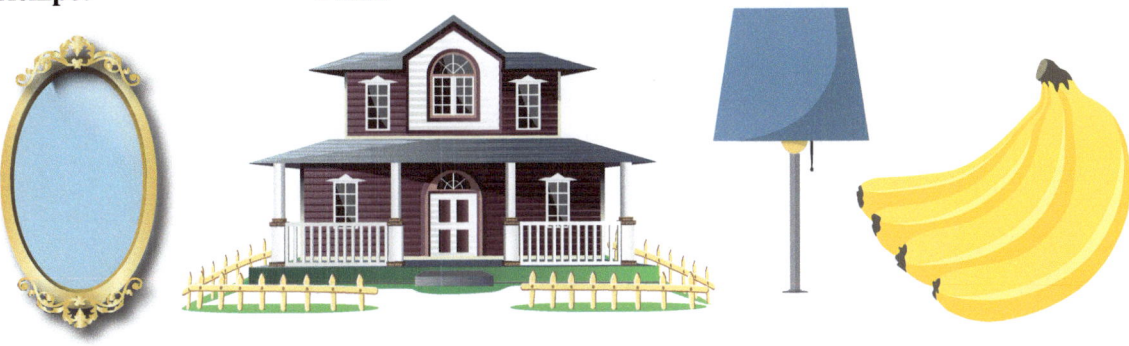

Nombre de la actividad: MIS EMOCIONES
Objetivo: Fortalecer el aspecto pragmático del lenguaje a través de una actividad llamada mis emociones con el fin de aumentar el uso del lenguaje en las personas adultas mayores.
Procedimiento: Se mostrarán en fichas diferentes emociones, el adulto mayor deberá identificar qué emoción es y debe narrar en qué circunstancias podrían sentir esa emoción en particular.
Material: Fichas con diferentes emociones
Duración: 15 minutos

Lenguaje varios

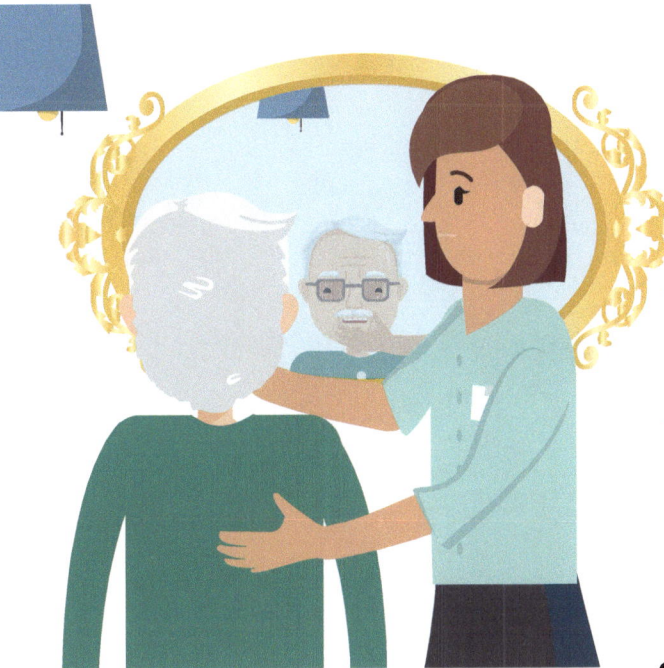

- Destrezas léxicas semánticas, tales como la recuperación de una palabra. Muestra un objeto común y no común a su medio para que él lo nomine (llamarlo por su nombre).
- La identificación de sinónimos y antónimos, preguntas de elección semántica. Feliz-Alegre. Gordo-Flaco.
- La definición de palabras por clase, el uso de negación, la asociación de palabras por definiciones. Ej. Es largo, blanco, se enciende, bota humo.

Actividad: ORDENA LA FRASE
Objetivo: Favorecer el proceso gramatical en el discurso oral
Desarrollo: Se le presentan al participante una serie de palabras escritas en una lámina de manera desordenada, se inicia con tres palabras, y se le pide que organice una frase. Si el participante no puede leer se le dan en una lámina una serie de dibujos (tres) para que forme con base en ellos la frase.

Actividad: CADENA DE PALABRAS
Objetivo: Favorecer el uso del vocabulario
Desarrollo: Se le dan al participante un grupo de palabras, se le pide que diga palabras que salen o son derivadas o pertenezcan al mismo campo semántico. Ejemplo: Zapato_ Zapatero_ Zapatería, etc. Campo semántico: Sofá, silla, mesa, etc.

Actividad: OBJETOS IGUALES

Objetivo: Fortalecer la atención través de esta actividad con el fin de aumentar el uso del lenguaje en las personas adultas mayores.

Resultados esperados: Se espera que el adulto encierre la mayoría de las figuras iguales.

Rodea con círculos todas las manzanas que encuentres

Deglución

- La alimentación debe hacerse en un lugar cómodo y agradable para el adulto mayor.
- El momento de la alimentación debe darse en familia preferiblemente o en compañía.
- Con relación a la postura debe estar sentado en una silla adecuada y en la mesa, en caso de encontrarse en cama, subir la cabeza.
- Las modificaciones en la consistencia de los alimentos (suaves, cortados o en puré) y los líquidos (espesos) pueden ser usados para mantener y ayudar la habilidad de comer.
- Si hay dificultad en la en la ingesta de líquidos como el agua se puede facilitar su consumo, espesando con maicena instantánea. Se puede usar en bebidas y alimentos calientes o fríos.
- Si el adulto presenta dificultad para tragar (disfagia), es necesario considerar una evaluación .

Si el adulto presenta disfagia, es necesario considerar lo siguiente:
- Evitar distracciones, conversaciones o cualquier estímulo que produzca risa, llanto, etc.
- No dar de comer si el paciente está somnoliento.
- Presentar en el plato pequeñas cantidades y utilizar cuchara de postre para dar de comer.
- Colocarnos en frente para imitación.
- Evitar alimentación con jeringa.
- No ofrecer líquidos en botella ni en pitillos.
- Dar tiempo suficiente para comer, minimizar la fatiga y la frustración.
- No forzar si hay rechazo insistente (posponer).
- Evitar contacto de cuchara con los dientes para no desencadenar el reflejo de morderla.
- No mezclar consistencias líquidas con sólidas.
- Cepillado suave de la boca antes y después de las comidas.

Técnicas posturales:
- Insistir en la importancia de la alineación corporal para evitar bronco aspiraciones.
- Mantener postura erguida sentado 90º con ligera flexión anterior del cuello, preferiblemente en silla, si es en la cama elevar ligeramente las rodillas con almohada.
- Mantener la postura hasta 20 minutos tras la ingesta.

Audición

- El lavado de los oídos debe realizarse diariamente con agua y jabón.
- Hay que impedir la entrada de agua en el conducto auditivo, por lo cual hay que inclinar la cabeza hacia el lado que se está limpiando
- Para la limpieza de los oídos, los copitos de algodón son el principal riesgo para ellos, ya que estos son los causantes de ciertas patologías auditivas, pérdidas de audición, heridas, infecciones y perforaciones.
- La limpieza del conducto auditivo debe realizarse con precaución ya que ésta es muy delgada y sensible, se debe de evitar el uso de instrumentos u objetos filosos que puedan ocasionar lesiones y remover eventuales residuos de jabón, que pueden llegar a formar tapones compactos

Si el adulto usa audífonos, él y sus cuidadores deben tener en cuenta los siguientes aspectos:

- No exponer los audífonos a la humedad manteniéndolos limpios y secos. La humedad y la condensación pueden dañar los circuitos de los audífonos.
- Quíteselos cuando transpire abundantemente, la transpiración puede causar daños importantes en sus dispositivos.
- Quítese los audífonos antes de nadar, ducharse o salir de casa bajo una lluvia intensa.
- No deje los audífonos en el baño.
- Seque con regularidad el sudor que se acumule alrededor de sus oídos.

Recomendaciones generales

El adulto mayor requiere estar motivado para emprender alguna actividad de su interés, por lo que se sugiere:

- Realizar actividades que se relacionen con su último oficio, actitudes plásticas o artísticas
- Establecer una rutina comunicativa con el adulto mayor.
- Realizar actividades fuera del centro o del hogar, que les permita interactuar con otros elementos del ambiente.
- Que las preguntas, sean instrumento de interacción continua entre familiares, cuidadores y adulto mayor.
- Utilizar lenguaje adulto y acorde con su nivel de vida y experiencia.
- Ser participe activo de las conversaciones propuestas por el adulto, aunque estas sean repetitivas.

¡¡Con unión y dedicación haremos del adulto mayor un ejemplo de comunicación!!

Glosario

BRONCO ASPIRACIÓN: paso accidental de alimentos sólidos o líquidos a las vías respiratorias que puede causar asfixia.

CAMPO SEMÁNTICO: constituido por un grupo de palabras que están relacionadas por su significado compartiendo ciertas características comunes.

DEGLUCIÓN: es el proceso de propulsar los alimentos desde la boca hacia el estómago de forma segura.

DISFAGIA: dificultad para tragar líquidos o sólidos con normalidad.

LÉXICO: es el conocido como el inventario de las unidades que conforman una lengua o conjunto total de palabras que hay en ésta.

MEMORIA OPERATIVA: se refiere a la habilidad que se tiene para guardar y manipular información por periodos cortos de tiempo.

PREBIACUSIA: pérdida gradual de la audición que ocurre a medida que la persona envejece.

PROCESO LÉXICO: reconocimiento de palabras que nos permiten acceder al significado de las mismas.

SEMÁNTICA: se refiere a los aspectos del significado, sentido o interpretación de signos lingüísticos como signos, palabras, expresiones o representaciones formales.

Bibliografía

Álvarez V. Rol del fonoaudiólogo en geriatría. Chile. 2009. [Online] Disponible en: http://es.slideshare.net/patriciax/rol-del-fonoaudilogo-4698027 [citado en Abril de 2017].

Deza C, González M, Ferrando I, Cánovas C, Labari G, Monterde B. Cuidados del paciente con disfagia. Disponible en: www.zonahospitalaria.com/cuidados-del-paciente-con-disfagia/

Gamble A. Manual de prevención y autocuidado para las personas adultos mayores. Dirección general de equidad y desarrollo social. Secretaría de desarrollo social del distrito federal. México. 2000. [Online] Disponible en: http://www.sideso.cdmx.gob.mx/documentos/manual_de_prevencion_y_autocuidado_para_las_personas_adultas_mayores.pdf. [citado en abril de 2017].

God's Love We Deliver. Consejos de Nutrición para los Cuidadores. Disponible en: www.glwd.org/serve.do/content/nutrition/publications/Caregivers.pdf.

Higiene en oídos, manos y pies en el adulto mayor. Parte 1. Vida Abuelo, 2014. Disponible en: vidaabuelo.com/higiene-en-oidos-manos-y-pies-en-el-adulto-mayor/

Jara M. La estimulación cognitiva en personas adultas mayores. Revista Cúpula. [Online] Disponible en: http://www.binasss.sa.cr/bibliotecas/bhp/cupula/v22n2/art1.pdf. [citado en abril de 2017].

Juncos O. Lenguaje y envejecimiento. Bases para la intervención. Editorial Masson S.A. Barcelona, España. 1998.

Sardinero A. Estimulación cognitiva para adultos. 60 Fichas. Ejercicios prácticos con soluciones. [Online] Disponible en: http://tallerescognitiva.com/descargas/muestra.pdf. [citado en mayo de 2017].

CAPÍTULO 3.
FUNCIONALIDAD EN LAS ACTIVIDADES DE LA VIDA DIARIA Y USO DEL TIEMPO LIBRE

Lisseth Batista Hernández
Terapeuta Ocupacional Investigadora

Introducción

El mantener la funcionalidad e independencia en el adulto mayor se convierte en la base esencial de la atención del equipo interdisciplinario y de los cuidadores en los hogares geriátricos/gerontológicos, por tanto, en esta sección se hará referencia a la funcionalidad desde la intervención de la terapia ocupacional como medio para mantener la máxima independencia de la población adulta mayor desde las actividades de la vida diaria y la ocupación del tiempo libre.

En primer lugar, es necesario conocer que Terapia Ocupacional es una profesión que estudia a profundidad todo lo referente con la ocupación humana, utilizando la actividad con propósito para apoyar a las personas en la adquisición de habilidades y destrezas necesarias en el diario vivir, logrando así la máxima participación en su entorno social, familiar y ocupacional. Adicionalmente a esto, se enfoca también en la reducción de accidentes y prevención de enfermedades asociadas con el envejecimiento.

Con base al anterior concepto se determina que terapia ocupacional es una pieza fundamental en ayudar a los adultos mayores que tienen dificultad para realizar las tareas cotidianas debido a los efectos del envejecimiento tales como vestirse, bañarse, alimentarse, desplazarse y en la ejecución de las actividades básicas del diario vivir.

El contenido a desarrollar en este manual se fundamenta, primero en establecer la importancia del rol e intervención de la terapia ocupacional en el adulto mayor, cuidadores, familiares y centros gerontológicos/geriátricos, segundo, identificar las herramientas y estrategias terapéuticas que utiliza el profesional para la conservación, independencia y funcionalidad del adulto mayor, tercero, describir qué estrategias deben abordar los cuidadores y familiares con el fin de evitar factores de riesgo que conlleven al adulto mayor a la dependencia y disfuncionalidad consecutivo a la pérdida de habilidades, cuarto, demostrar estrategias de readaptación y reeducación para satisfacer las necesidades básicas de los adultos mayores, y por último proponer el desarrollo de actividades terapéuticas y con propósito para la adecuada utilización del tiempo libre del adulto mayor.

Todo esto se sumerge a la meta principal de este manual que es el de brindar las herramientas necesarias al adulto mayor, familiar, cuidador para promover la independencia en el desempeño de las tareas cotidianas de la vida diaria a fin de alcanzar un equilibrio en las ocupaciones, para que la vida del adulto mayor sea satisfactoria y significativa.

Áreas de automantenimiento

Las áreas de automantenimiento hacen referencia a las rutinas, tareas y pasos, orientadas a la preservación de la salud y bienestar de las personas en el ambiente. Al desarrollar las actividades de la vida diaria, básica, instrumental y avanzadas, se están presentando acciones de nuestro diario vivir a fin de satisfacer las necesidades de autocuidado, trabajo y tiempo libre.

En este texto se representará algunas pautas para que lo cuidadores y los adultos mayores utilicen y tengan en cuenta en el momento de ejecutar las siguientes actividades:

Higiene personal y baño

El baño puede ser una actividad peligrosa para los adultos mayores debido a la infraestructura de los baños siendo de mayor riesgo para las personas con problemas de movilidad, estabilidad y alcance funcional. Para mejorar y asegurar la confianza en la ejecución de dichas tareas se debe tener en cuenta lo siguiente:

- Llevar a cabo un entrenamiento específico que hace posible los movimientos de entrada y salida de la ducha o bañera.
- Proveerle al adulto mayor el fácil acceso de los productos de aseo como jabón, shampoo, crema dental, esponjas, cremas corporal.
- Colocar barreras protectoras y de agarre a fin mantener el equilibrio firme.
- Tener tapetes antideslizantes en puntos estratégicos del baño.
- Mantener el baño ordenado y con el menor número de objetos posible.
- Colocar los artículos en secuencia y en el lugar de uso.
- Instrucciones sencillas de paso a seguir o dibujos.
- Escribir nombre a los objetos.
- Tener todas las medidas de seguridad.
- No permitir que el adulto mayor coloque cierre de seguridad a las puertas del baño.
- Aunque el adulto mayor tenga acompañamiento y supervisión de un cuidador, tener en cuenta todas las pautas dadas anteriormente.

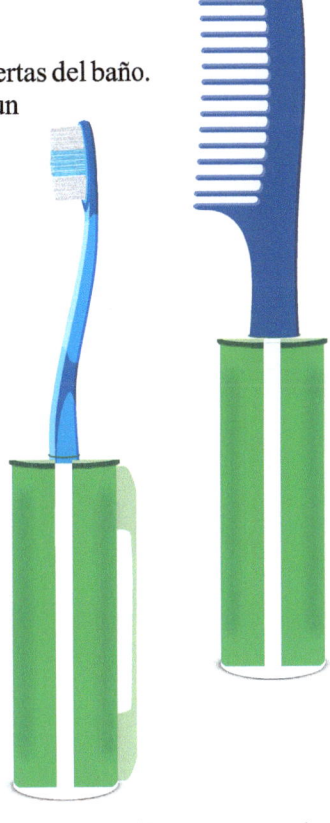

Adaptación para agarre de cepillo de dientes y peine

daptación para el inodoro

Vestido y desvestido

El realizar la actividad de vestido y desvestido es una necesidad básica para todos del diario vivir, en el caso del adulto mayor esta actividad influye en la independencia. Recordemos que el vestido es una forma de expresar sentimientos, gustos, valores, moral, por lo tanto se debe tratar de involucrar y mantener la independencia así como la participación del adulto mayor, ya que no solo marca un factor funcional sino también emocional.

Algunas recomendaciones al tener pendiente son las siguientes:

- La ropa debe ser colocada en orden y al alcance del adulto mayor.
- Se debe utilizar prendas de ropa ligera y de fácil manejo, como pantalones o faldas con elástico en la cintura o velcro.
- Se recomienda el uso de zapatos sin cordones.
- En el caso de los adultos mayores con hemiparesia o hemiplejia (compromiso de un lado del cuerpo) es aconsejable comenzar a vestir primero la extremidad o miembro superior e inferior afectada y desvestirse a la inversa.
- Realizar la actividad de vestido y desvestido en posición sentado.
- Hacerlo participe de la ropa que va a usar.
- Ayudar mediante mímica para que se vista.
- Permitir a las mujeres que utilicen y se coloquen accesorios.
- Ubicar la ropa en un espacio que tenga las condiciones para fácil acceso.
- Mantener la ropa organizada, de tal forma que sea adecuada para las diferentes circunstancias u ocasiones y clima.

Comida y manejo de utensilios

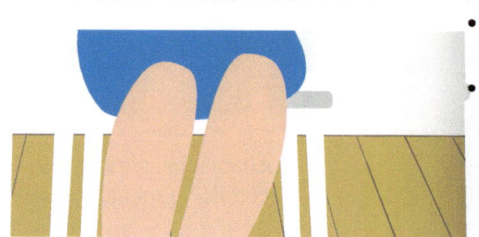

Involucrar al adulto mayor en el proceso de alimentación, indagando sus gustos y motivación de lo que le apetece, esta puede ser una forma de mejorar su estado nutricional y proporcionarle participación e independencia.

- Los platos, vasos, cubiertos deben ser de colores llamativos.
- No darle de comer en la boca mientras pueda hacerlo por si mismo.
- Recordar el uso de los cubiertos cuando los tome con las manos.
- Pegar los platos en la mesa cuando se requiera.
- Utilizar aditamentos en los cubiertos, tales como velcro para sujetar y/o engrosar el mango para facilitar el agarre.
- Manejar una postura adecuada (sedente/sentado) durante el momento de ingerir los alimentos.
- Permitale participar y/o opinar en la preparación de la comida y lo que desee comer.
- Dedíquele tiempo y el espacio para que el alimentarse sea una actividad placentera.

Para el adulto mayor con disfagia o alteración de la deglución, trastorno que pueda aparecer en ancianos con accidente cerebro vascular, parkinson, demencia u otras enfermedades neurológicas degenerativas se emplean técnicas como ejercicios bucolinguofaciales, estimulación y entrenamiento de los movimientos dirigidos al manejo del bolo alimenticio en la fase oral preparatoria.

Descansar / Dormir

El descanso en el adulto mayor le brindará un estado de relajación a nivel mental y físico que le ofrece bienestar. Es importante garantizar este estado de tranquilidad y así mismo manejar los tiempos para descansar.

- El reposo es necesario para el descanso de los miembros y las articulaciones, aunque hay que tener presente que el reposo prolongado puede ser perjudicial.
- Es recomendable que el adulto mayor duerma durante 7-8 horas en la noche, incluyendo una hora durante el día para favorecer los procesos naturales de recuperación.
- Utilizar barandas en las camas, para evitar caídas.
- Colchones antifluidos para fácil limpieza.
- En los casos en el que el adulto mayor deba permanecer la mayor parte del tiempo en cama utilizar colchón antiescara.
- Realizar cambios de postura durante el periodo en cama.
- Adaptaciones para favorecer movilidad y traslados desde la cama.

Utilización adecuada del tiempo libre en el adulto mayor

El tiempo libre es considerado por muchos como un espacio de descanso, inactividad, ocio placentero, es el momento en el que realizamos lo que más nos interesa o simplemente no se hace ningún tipo de actividad que requiera esfuerzo, sin embargo, si se analiza nuestro tiempo libre se puede llegar a determinar que a través de los años y aún más en la vejez los roles que se ejecutan equilibradamente van disminuyendo tales como el productivo/laboral, estudio, miembro familia, hogar, por lo tanto, el tiempo libre va aumentando ya que las actividades se van suprimiendo y es ahí donde el adulto mayor toma conductas, rutinas y hábitos inadecuados como pasar la mayor parte del tiempo sentados, durmiendo, viendo televisión, sin desarrollar ningún tipo de actividad.

Es ahí en este punto, donde el tiempo libre si no es manejado adecuadamente se convierte en un enemigo para el adulto mayor ya que la falta de ocupación y el no sentirse útil puede acarrear estados de depresión, deterioro cognitivo, físico y llevar a estados graves de pérdida de independencia en el peor de los casos.

Por lo anteriormente planteado se debe convertir en una prioridad para los equipos interdisciplinarios, cuidadores y adultos mayores, el crear espacios donde el tiempo libre sea terapéutico y productivo, ante esto se recomienda tener en cuenta los siguientes aspectos:

1. **EXPLORACIÓN DE LOS INTERESES:** Realizar un consenso de cuáles son las actividades de interés del adulto mayor y reconocer las necesidades del grupo, es decir, si en el hogar existe un alto número de ancianos con deterioro cognitivo se debe enfocar en actividades que promuevan las habilidades mentales superiores como atención, memoria, raciocinio, etc., si el interés del grupo son actividades recreativas de juego incluirlas en el programa.
Ejemplo: Preguntar a los adultos mayores que tipo de actividades les gustaría realizar, a través de encuestas, votaciones.

2. **PROMOVER LA EJECUCIÓN DE ACTIVIDADES QUE SEAN SIGNIFICATIVAS:** Este ítem plantea que las actividades a desarrollar debe tener un medio y un fin, es decir un objetivo, no solo deben realizarse por ocupar el tiempo libre, trazar un propósito para el beneficio del adulto mayor y así alcanzar un resultado en las diferentes áreas cognitivas, física, social, emocional, comunicativas en la población objeto.

3. **ESTABLECER HÁBITOS Y RUTINAS:** Las actividades se desarrollarán en un tiempo y espacio concreto para que este se convierta en un hábito y rompa con las rutinas de sedentarismo, además que permite que el adulto mayor se programe y prepare para el desarrollo de las actividades diarias, conjuntamente de ser un medio motivador de cada día. El cuidador es quien conoce los espacios del hogar y los horarios del adulto mayor así que es el principal promotor de establecer los cronogramas, sería importante que se establezcan durante dos jornadas en el día, pero queda a criterio del cuidador.

4. **PROGRAMACIÓN DE ACTIVIDADES LÚDICAS, CULTURALES, DEPORTIVAS, RECREATIVAS:** Este tipo de actividades genera en el adulto mayor que ganen confianza en sí mismo, descubre y desarrolla capacidades, aparte de facilitar que recupere un papel activo de esparcimiento y a la vez un medio terapéutico de intervención por medio de la recreación. Es importante resaltar que el cuidador cambie las actividades de juego y recreación para que no se vuelvan monótonas, el deporte genera salud física, actividades culturales obras de teatro, encuentros musicales, poesía y cuentos son favorables en este tipo de población. Se recomienda el desarrollo una vez a la semana.

5. **PROMOVER ESPACIOS DE REFLEXIÓN Y SOCIALIZACIÓN:** El adulto mayor en algunos casos se va limitando en la comunicación y expresión de sus sentimientos por factores emocionales, médicos a causas del proceso de envejecimiento, a fin de fortalecer la expresión de lenguaje oral y corporal, al igual que la parte afectiva, se sugiere al cuidador crear espacios donde el adulto mayor se comunique abiertamente con el grupo por medio de la lectura, actividades expresivas proyectivas, charlas y al finalizar cada actividad por más sencilla o lúdica que sea abrir un espacio para que manifiesten cómo les pareció y cómo se sintieron.

6. **PROGRAMA OCUPACIONAL:** Durante el desarrollo del día a día en el hogar existen una variedad de tareas y ocupaciones que hacen parte de las rutinas a fin de satisfacer las necesidades básicas del adulto mayor. Por lo tanto, se proponen crear espacios donde el adulto mayor participe, colabore, supervise dándole tareas, compromisos y responsabilidades dentro del hogar, tales como cuidar jardín, supervisar que no tiren basura al piso en las diferentes áreas, mantener organizado su habitación y lugar específico, entregar materiales al realizar actividad, motivar, llamar a los demás adultos mayores para asistir a las actividades, ser informante.

7. **CREACIÓN DE TALLERES:** Los talleres son espacios de ejecución de una actividad productiva ocupacional que da como resultado la elaboración de un producto, por ejemplo taller de pinturas, cerámicas, artesanías, costura, chocolates. Estos talleres generan un mayor tiempo de dedicación, en algunos casos remuneración económica, los talleres requieren de jornadas con más tiempo, el cumplimiento de horarios, reglas, el aprendizaje de un arte u oficio, siendo una herramienta fundamental para fortalecer el autoestima ya que promueve la productividad en el adulto mayor.

Ejemplo cronograma utilización tiempo libre

HORA	LUNES	MARTES	MIERCOLES	JUEVES	VIERNES	SABADO	DOMINGO
7:00	Apoyo Hogar*				Apoyo Hogar*		
8:00							
9:00	Apoyo Hogar*	Apoyo Hogar*	Apoyo Hogar*	Apoyo Hogar*	Apoyo Hogar*	Apoyo Hogar*	Apoyo Hogar*
10:00			Actividades Culturales	Juegos de Mesa	Actividades Productivas	Deporte/ Ejercicio	Juegos de Mesa
11:00		Actividades Productivas					
12:00			Actividades Cognitivas	Juegos de Mesa			
13:00	Talleres educativos				Deporte/ Ejercicio		
14:00							
15:00	Lectura	Actividades Cognitivas	Talleres educativos	Actividades Cognitivas	Talleres educativos		

*Apoyo Hogar: participación de las labores domésticas de la institución o centros geriátricos.

Se recuerda que estas deben ser acorde a los intereses y necesidades de la población adulto mayor.

Diseño de espacios terapéuticos en geriatría

Una de las formas de promover la independencia en el adulto mayor es adecuar y/o adaptar el espacio donde ellos desarrollen sus actividades y a su vez facilitar la labor de los cuidadores y profesionales, ya que por el proceso de envejecimiento las personas mayores presentan una disminución de sus capacidades funcionales, sensoriales y cognitivas, por eso, los lugares por donde van a transitar deben estar adaptados a sus necesidades, suprimiendo todos los obstáculos que puedan entorpecer su movilidad.

Cuando se vaya a adecuar el espacio debemos tener presente los siguientes aspectos:
- Planear los tratamientos que se van a realizar dentro del proceso terapéutico.
- Reconocer las capacidades alteradas que presentan los adultos mayores y cómo estas afectan el desempeño ocupacional del día a día.
- Planificar la intervención y las necesidades que el adulto mayor va a requerir para poder adaptar el entorno a ellos.
- Identificar las necesidades individuales del adulto mayor.
- Establecer los espacios que deben adaptarse a las tareas.
- Demarcar cada una de las áreas.
- Utilizar barreras de protección.

Una correcta utilización de los ESPACIOS TERAPÉUTICOS EN GERIATRÍA, nos favorecerá en:

- **Facilitar la realización de actividades:** Una correcta organización adecuada del hogar o habitación favorece en el adulto mayor libertad. Un hogar estructurado en función de su capacidad física y cognitiva permitirá, que siga ejecutando las actividades por sí mismo, potencializando su independencia.

- **Fortalecer las capacidades funcionales:** Un hogar adaptado a las necesidades y condiciones de los residentes, facilitará al adulto mayor con deterioro cognitivo, que ejerciten sus habilidades (como: bañarse, realizar sus necesidades fisiológicas, movilizarse, etc.).

- **Ayudas para el cuidador:** Un entorno adecuado favorece a los cuidadores, ya que minimizará los riesgos de accidente y el deterioro físico y cognitivo de adulto mayor, facilitando la independencia y propiciando mayor tiempo para el desarrollo de otras actividades.

A parte de contar con los espacios adecuados a las necesidades de los adultos mayores, existen programas que se desarrollan con el fin de mantener la funcionalidad en estas personas, y requieren de un lugar acondicionado con materiales y herramientas.

PROGRAMAS EN GERIATRÍA:
* Programa cognitivo
* Técnicas de relajación
* Yoga
* Musicoterapia
* Arteterapia
* Taller de lecturas
* Talleres de psicomotricidad
* Entrenamiento de las A.B.V.D (actividades básicas de la vida diaria) se realizarán en los lugares destinados a ellas: baño, comedor, salón, dormitorio, cocina.
* Ejercicios
* Espacios de utilización adecuada del tiempo libre.
* Servicios de atención médica y salud.

Todo esto enmarcado en el objetivo fundamental que es fomentar la autonomía del individuo.

Motricidad fina en el adulto mayor

Todos aprendemos a controlar los movimientos de motricidad fina en los primeros años de nuestras vidas. Sin embargo, al envejecer por causa de algunas enfermedades o lesiones se va perdiendo la precisión, el control voluntario, fuerza de los movimientos de la mano y dedos, representados en los agarres, pinzas, patrones, que intervienen en el adecuado desarrollo de las actividades de nuestro diario vivir.

Los adultos mayores, a diferencia de los niños que van adquiriendo durante su desarrollo complejidad en sus movimientos, ya tienen un bagaje motriz construido, por lo tanto, es necesario reconocer esta condición, y utilizar estrategias para una intervención terapéutica ya que la falta de entrenamiento generaría en el anciano torpeza motora y limitaciones en la ejecución de sus movimientos motores finos. Es importante resaltar que el control de la motricidad fina de las manos es esencial para la realización de movimientos precisos y coordinados como tomar un vaso, una cuchara, un lápiz, cepillo, que hacen parte para la ejecución de las actividades de la vida diaria del adulto mayor.

A continuación, se plantean una serie de ejercicios y actividades que serán de utilidad para fortalecer los movimientos motores finos. Se seleccionarán los ejercicios comenzando por los más sencillos para progresivamente ir pasando a los que suponen un mayor nivel de dificultad.

Ejercicios en muñeca, mano y dedos

Muñeca:

Estire los brazos y abra las manos, realice movimientos de extensión (mano hacia arriba) y flexión de las muñecas (doblarlas hacia abajo), apoyándose con la mano contraria, tal como se observa en la gráfica.

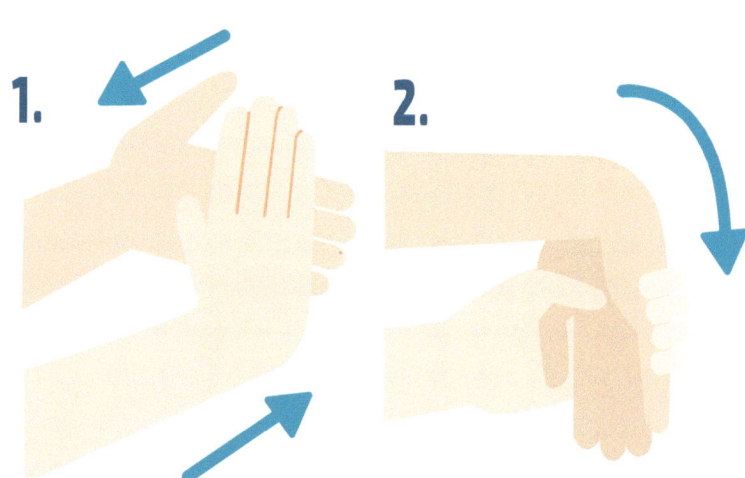

Tome un objeto o pesas con sus manos y realice flexión y extensión de muñeca, arriba y abajo, diez veces descanse y cambie de mano.

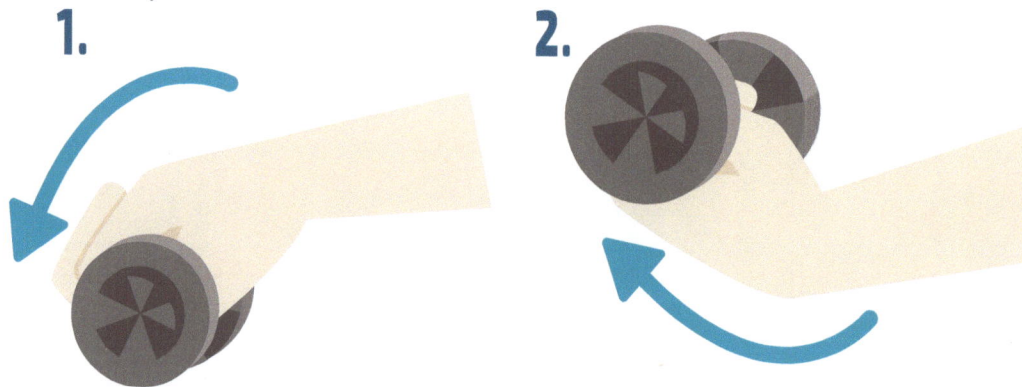

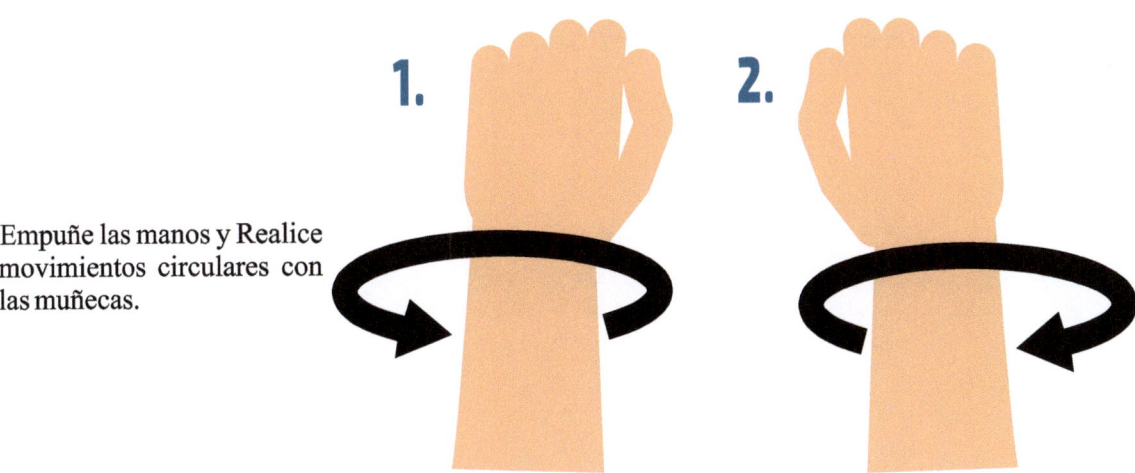

Empuñe las manos y Realice movimientos circulares con las muñecas.

Manos:

Realice la siguiente rutina de ejercicios:

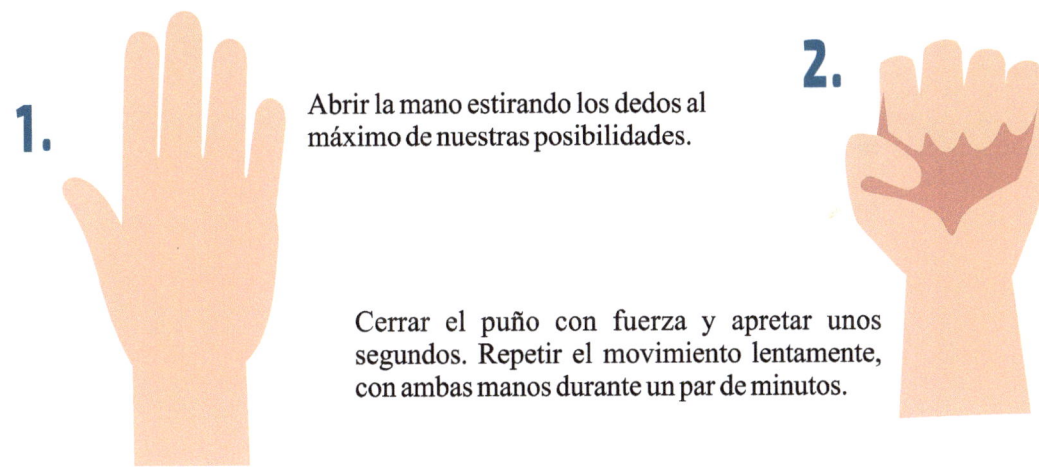

Abrir la mano estirando los dedos al máximo de nuestras posibilidades.

Cerrar el puño con fuerza y apretar unos segundos. Repetir el movimiento lentamente, con ambas manos durante un par de minutos.

Flexione dedo por dedo, iniciando por el meñique, hasta cerrar el puño.

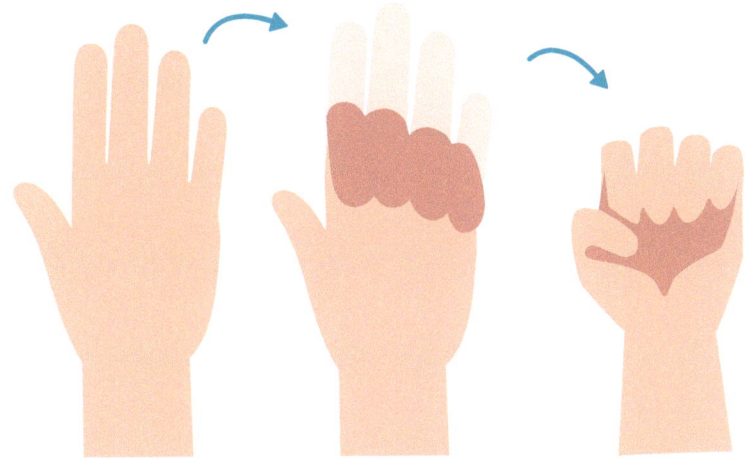

Lleve el dedo pulgar, a cada uno de los otros dedos, iniciando por el meñique.

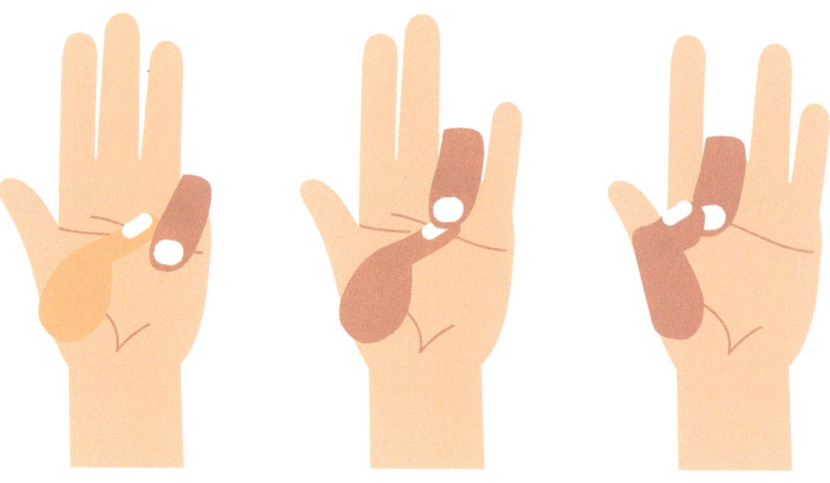

Apoye las manos, en las puntas de los dedos haciendo fuerza con estos.

Dedos:

Abrir y cerrar las manos rápidamente.

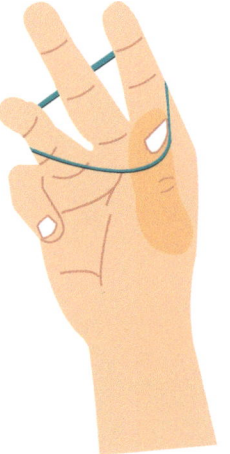

Colocar una liga o bandita elástica en los dedos e intentar abrir y cerrar.

Realizar movimientos circulares con el dedo pulgar.

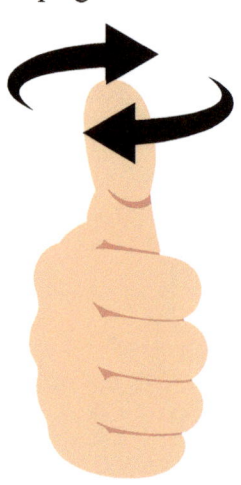

44

Actividades de motricidad fina

Para el desarrollo de estas actividades se debe dedicar un tiempo de calidad a la realización de los mismos. Los adultos mayores no deben estar cansados ni deben ver las actividades como una obligación no deseada. Es preciso motivarles para hacerlos lo mejor posible. Las actividades deben tener un cierto grado de funcionalidad, para hacer de las acciones cotidianas ejercicios de mejora.

Si el adulto mayor no desea realizar una rutina de ejercicios se puede vincular en actividades lúdicas que no demanden un alto esfuerzo motor, y que sea acorde a los intereses y edades de los participantes, tales como:

- Moldear con arcilla, realizar diferentes figuras.
- Abrochar y desabrochar botones y cremalleras.
- Escribir letras, palabras, oraciones, cuentos, poesías, relatos, historias de vidas, cartas.
- Mover objetos de un lado a otro (objetos con peso y tamaño moderado).
- Diariamente realizar movimientos y ejercicios de la muñeca, manos y de los dedos.
- Involucrar al adulto mayor en actividades del hogar que requiera armar tornillos y tuercas.
- Pintar cuadros siguiendo un bosquejo o libre por medio de la inspiración del adulto mayor.
- Estirar bandas elásticas, globos.
- Manipular diversas texturas con las manos, suave, áspero, duro, blando.
- Cuidado y mantenimiento del jardín.
- Involucrar en actividad del hogar, como seleccionar y doblar ropa.

Para el adulto mayor es importante sentirse útil y funcional, así que permitámosle que participe en el mayor número de actividades que su estado físico, cognitivo y emocional se lo permita.

Glosario

ACTIVIDADES DE LA VIDA DIARIA BÁSICAS – AVDB: Son las actividades orientadas al cuidado del propio cuerpo, por lo que también son conocidas como actividades personales de la vida diaria.

ACTIVIDADES DE LA VIDA DIARIA: Son ocupaciones que componen la actividad cotidiana, actividad conformada por las actividades de autocuidado, trabajo y juego/ocio.

ACTIVIDADES DE TIEMPO LIBRE: Son aquellas rutinas, tareas, acciones orientadas a la entretención, interacción social que contribuye al significado que se le dé a la actividad.

ACTIVIDADES INSTRUMENTALES DE LA VIDA DIARIA – AIVD: Actividades destinadas a la interacción con el medio, que son a menudo complejas y que generalmente su realización es opcional.

ADULTO MAYOR: Este es el término o nombre que reciben quienes pertenecen al grupo etáreo que comprende personas que tienen 60 años y más de edad.

AUTOMANTENIMIENTO: Son tareas y pasos orientados a la preservación de la salud y del bienestar de la persona en el ambiente.

DEPENDENCIA: Es cuando una persona se encuentra en situación de no valerse por sí mismo.

DESEMPEÑO OCUPACIONAL: Es la habilidad de percibir, recordar, planificar y llevar a cabo roles, rutinas, tareas y pasos con el propósito de lograr el automantenimiento, la productividad, el placer y el descanso, en respuesta a las demandas del ambiente interno y/o externo.

DISFUNCIONALIDAD: Es el desarreglo o alteración en el funcionamiento de un sistema u organismo predeterminado en una o más operaciones que le correspondan, interfiriendo en el adecuado desarrollo de las Actividades de la Vida Diaria, AVD.

FUNCIONALIDAD: capacidad de cumplir acciones requeridas en el diario vivir, para mantener el cuerpo y subsistir independientemente. Cuando el cuerpo y la mente son capaces de llevar a cabo las actividades de la vida cotidiana se dice que la funcionalidad está indemne.

GERIATRÍA: Especialidad de la medicina que presta atención tanto a los aspectos clínicos presentes en sus enfermedades como a la prevención de las mismas en la población adulta mayor.

HOGARES GERIÁTRICOS: Centros especializados en el cuidado del adulto mayor, fomentar el desarrollo de todas las facultades - físicas, mentales, emocionales, cognoscitivas, familiares del residente.

INDEPENDENCIA: Capacidad que tiene un individuo de realizar las diferentes actividades por sí solo.

MOTRICIDAD FINA: Facultad de movimientos que requieren de precisión.

MOVILIDAD FUNCIONAL: Kielhofner (2004) comenta que la movilidad funcional es una de las actividades de la vida diaria más valorada por las personas mayores con algún grado de dependencia, ya que su consecución es necesaria para llevar a cabo el resto de actividades diarias. Esta actividad incluye moverse de una posición a otra (durante el desempeño de cualquier actividad), tal como la movilidad en cama, cambios funcionales, movilidad en silla de ruedas, trasferencias, de ambulación y transporte de objetos.

OCUPACIÓN: Se entiende por ocupación al grupo de actividades que tiene un significado personal y sociocultural para las personas. La ocupación está determinada por la cultura y promueve la participación en la sociedad.

REEDUCACIÓN: Proceso en el cual se utilizan un conjunto de técnicas que hacen que un órgano o un miembro del cuerpo cuya función había disminuido o se había perdido vuelva a desarrollar su actividad con normalidad.

REENTRENAMIENTO: Proceso por el cual se actualizan los conocimientos y se entrenan las habilidades y destrezas.

TERAPIA OCUPACIONAL: Disciplina que tiene como objetivo la instrumentación de las ocupaciones para el tratamiento de la salud del hombre. El terapeuta ocupacional trabaja por el bienestar biopsicosocial, asistiendo al individuo para que alcance una actitud activa respecto a sus capacidades y pueda modificar sus habilidades disminuidas.

VEJEZ: Es una etapa de la vida, la última que comienza a los 60 años de edad.

Bibliografía

Acosta Ch, González-Celis Ana L. Actividades de la vida diaria en adultos mayores: la experiencia de dos grupos focales. Psicología y Salud, 2009; 19(2): 289-293.

Borrelli B. Condición Motriz y Calidad de Vida en Adultos Mayores. Calidad de Vida y Salud. 2011; 4(1).

Fernández Lapiz E. Tiempo libre y nuevas responsabilidades en los Adultos Mayores. Disponible en: http://docplayer.es/5656696-Tiempo-libre-y-nuevas-responsabilidades-en-los-adultos-mayores-enrique-fernandez-lapiz.html. Consulta realizada abril /2017.

Fernández Lopiz, E. y Libiana. Programa de intervención con técnicas de psicomotricidad para la población anciana, Universidad de León, 1994; p. 138-141.

Terapia Ocupacional – personal laboral de la comunidad de Madrid grupo II, editorial cep, 2010; II p. 173.

Traumatología Hellin. Ejercicios de mano y muñeca. Disponible en: https://traumatologiahellin.wordpress.com/ejercicios/ejercicios-de-mano. [Citado en marzo 10/2017].

CAPÍTULO 4.
GUÍA DE ALIMENTACIÓN PARA EL ADULTO MAYOR

Mylene Rodríguez Leyton
Nutricionista Dietista Investigadora

Introducción

Según la Organización mundial de la salud- (OMS) y teniendo en cuenta la esperanza de vida para la población colombiana, se entiende como adulto mayor a toda persona de 60 años o más. En la definición de las Recomendaciones de Ingesta de Energía y Nutrientes para Colombia se establecieron dos grupos de edad en el período de vida de adultos mayores: 60 a 69 años y mayor de 70 años. El censo del Departamento Administrativo Nacional de Estadística, DANE (2005), estimó en Colombia que un 8,9 % de la población son adultos mayores.

El envejecimiento resulta de la suma de todos los cambios que ocurren a través del tiempo en todos los organismos desde su concepción hasta su muerte; la población adulta mayor presenta características de mayor vulnerabilidad en relación con los adultos, por lo que la alimentación resulta relevante para el mantenimiento de su salud y nutrición; los estilos de vida incluyendo el consumo de una dieta saludable desde la infancia y juventud son un factor protector para un envejecimiento saludable.

Los adultos mayores presentan con frecuencia deficiencias funcionales, como resultado de cambios biológicos, psicológicos y sociales asociados a factores genéticos, estilos de vida y factores ambientales. Envejecer se constituye en un proceso cambiante tanto a nivel fisiológico como social.

Las pautas para la alimentación del adulto mayor tienen como propósito lograr la transformación y utilización de los nutrientes para mantener o mejorar la salud, conservar un buen estado nutricional y generar bienestar psicosocial, bien sea de manera autónoma o con la ayuda de un cuidador.

En este capítulo se brindan algunas pautas sobre el cuidado nutricional del adulto mayor, iniciando con un breve resumen de los cambios que afectan la alimentación, los nutrientes en la alimentación, las porciones de alimentos recomendadas, el uso de medidas caseras útiles para determinar las porciones a servir, frecuencia y tiempos de comida, recomendaciones generales y pautas de alimentación en situaciones específicas.

Es importante tener presente que la alimentación debe responder a las condiciones de cada individuo y consultar profesionales nutricionistas-dietistas no significa someterse a dietas de restricción, por el contrario resulta valioso recibir una orientación adecuada de acuerdo a las condiciones particulares de cada persona.

Cambios del adulto mayor que afectan la alimentación

Los cambios que experimenta el adulto mayor, pueden ser modificados por los patrones de alimentación, el estado nutricional y el estado de salud. Los hábitos alimentarios inadecuados se convierten en un factor de riesgo importante de morbilidad y mortalidad, contribuyendo a una mayor predisposición a infecciones y a enfermedades crónicas asociadas con el envejecimiento lo que disminuye la calidad de vida.

Algunos cambios del envejecimiento que inciden en la alimentación y en el estado nutricional del adulto mayor son:

- *Factores físicos,* entre los que se encuentran alteración en la función digestiva, cambios que afectan la masticación, salivación y deglución, discapacidad, deterioro sensorial.

- *Factores fisiológicos,* como disminución del metabolismo basal, trastornos del metabolismo de los carbohidratos de absorción rápida, cambios en la composición corporal, interacciones fármacos - nutrientes, menor actividad física, soledad, depresión, aislamiento y anorexia.

- *Factores psicosociales*, como la pobreza, limitación de recursos, inadecuados hábitos alimentarios, alejamiento o cambios en la dinámica del grupo familiar.

El estado de salud física y mental de las personas mayores depende en gran parte de la forma de alimentarse en la infancia y la edad adulta. La calidad de vida, los hábitos de alimentación y otros factores de tipo psicosocial afectan la alimentación y nutrición de este grupo de población como la soledad, la falta de recursos económicos, la baja disponibilidad de alimentos, la anorexia, las enfermedades crónicas entre otras.

Recomendaciones alimentarias y nutricionales del adulto mayor

De acuerdo con el Ministerio de Salud y Protección Social de Colombia (2016), las Recomendaciones de Ingesta de Energía y Nutrientes - RIEN - para la población colombiana, se definen como una estimación de la cantidad de las calorías y de los nutrientes que se deben ingerir para alcanzar un estado óptimo de salud y bienestar a partir de las características de los individuos como el sexo, la edad, la actividad física y/o un estado fisiológico específico como el crecimiento, la gestación o la lactancia. Estas recomendaciones se pueden plantear de forma individual y grupal dependiendo de si se va a planear la alimentación para una persona o un conjunto de personas.

En los adultos mayores la alimentación tiene como objetivo satisfacer las necesidades de calorías, macronutrientes -proteínas, grasas y carbohidratos- y micronutrientes - vitaminas y minerales -, de acuerdo a su estado nutricional, condiciones de salud y situaciones particulares que puedan afectar su funcionalidad, apetito y consumo de alimentos, con el fin de mantener su salud y bienestar integral.

Los nutrientes en la alimentación del adulto mayor

Energía

La energía que el organismo necesita para cumplir las funciones internas y la actividad física están determinadas por las necesidades de calorías. El gasto de energía en los adultos mayores suele disminuirse por situaciones como la reducción del peso corporal, cambios en la composición corporal como descenso de la masa muscular, menor energía requerida para cumplir sus funciones orgánicas, cambios en el nivel de actividad física, limitaciones físicas entre otras.

El suministro de energía debe guardar relación con el gasto, corresponde a la cantidad de energía que debe suministrar la dieta para mantener su balance según edad, género, estatura, peso y un grado de actividad física compatible con buena salud a largo plazo, de lo contrario se aumenta el riesgo de originar exceso de peso; la actividad física contribuye no solo a mantener el peso, sino la capacidad funcional y la salud músculo esquelética y cardiovascular.

El rango aceptable de distribución de las calorías de acuerdo a lo indicado por las Recomendaciones de Ingesta de Energía y Nutrientes para la población colombiana en personas mayores de 50 años es para los carbohidratos entre un 50 a 65 %, las grasas máximo entre 20 a 35 % y las proteínas entre 14 a 20 %.

Proteínas

El aporte de proteína en los adultos mayores debe incrementarse debido a la pérdida de masa muscular o sarcopenia; la ingesta inadecuada de proteínas puede empeorar la pérdida progresiva de masa muscular. Las proteínas contribuyen a mantener el sistema inmunitario o de defensa, aumentando la resistencia a las infecciones, el consumo de alimentos fuentes de proteína acompañado de ejercicios físicos de tipo isométrico (pesas y resistencia) mejora la síntesis de tejidos.

Son alimentos fuentes de proteínas la carne, el pescado, el huevo y la leche; además se encuentran en algunos vegetales como las leguminosas y en menor cantidad en cereales.

Grasas

Las grasas también contribuyen con el aporte de energía de la dieta, a través de su consumo se suministran en la dieta las vitaminas liposolubles A, D, E y K y los ácidos grasos esenciales, que el organismo no puede producir y juegan un papel importante.

Carbohidratos

Los carbohidratos aportan más de la mitad de la energía total de la dieta; se encuentran en los alimentos en forma de almidones que son carbohidratos complejos, de azúcares o carbohidratos simples y de fibra. Se debe procurar que predominen en la dieta los carbohidratos complejos y máximo un 10 % sean azúcares simples.

Los alimentos fuentes de carbohidratos complejos o almidones son los cereales como el arroz, la avena, la cebada, el trigo y sus derivados; así mismo, están presentes en los tubérculos como la papa, la yuca, el ñame y los plátanos. Las fuentes de carbohidratos simples son el azúcar de caña, la panela y todos los alimentos preparados y procesados que se derivan de éstos como los caramelos, bocadillos, mermeladas.

Fibra alimentaria

Es la parte comestible de las plantas, compuesta por carbohidratos que se encuentran en los vegetales y que no son digeribles en el intestino humano. Existen dos tipos de fibra, la soluble como las pectinas que se encuentran se encuentran principalmente en la porción blanca y esponjosa de la cáscara de los cítricos la piel de las frutas como la naranja, la mandarina, el durazno, la granadilla y la fibra insoluble en diferentes vegetales como semillas, granos y cereales como la avena, en cantidad variable según el vegetal.

El contenido de fibra y el consumo de alimentos con bajo índice glicémico, es decir aquellos que elevan menos el nivel de glucosa en la sangre, disminuyen el riesgo de diabetes mellitus, aquella que no es dependiente de la insulina.

Vitaminas y antioxidantes

Las vitaminas se denominan micronutrientes, son indispensables para el mantenimiento de las funciones vitales, no aportan energía al organismo pero intervienen en su metabolismo, utilización y la de otros nutrientes suministrados por la alimentación.

Las vitaminas juegan un papel fundamental en la alimentación saludable y tienen efecto antioxidante por su participación en la inactivación de los llamados radicales libres, que se producen en el organismo para luchar contra bacterias y virus, pero deben ser controlados por una protección antioxidante, este sistema de defensa lo conforman la vitamina C, el beta caroteno, la vitamina E y el licopeno.

Las vitaminas se necesitan en pequeñas cantidades y deben ser consumidas de los alimentos debido a que la mayoría no pueden ser producidas por el organismo, a excepción de la vitamina D que puede ser sintetizada por la acción de los rayos solares sobre la piel y algunas otras que son producidas por la flora intestinal como las vitaminas K, B1, B12 y ácido fólico.

Las vitaminas se clasifican en liposolubles e hidrosolubles.

Las vitaminas liposolubles son aquellas que son solubles en grasa, son las vitaminas A, D, E y K; se acumulan en el organismo y su exceso produce efectos adversos.

Las vitaminas hidrosolubles son solubles en agua; son el grupo de vitaminas del complejo B: B1, B2, B6, B12, Niacina, Biotina, ácido fólico, ácido pantoténico, Biotina; las cuales realizan funciones relacionadas con el metabolismo de la energía y de las proteínas, no se acumulan en el organismo, su exceso se elimina por la orina, con excepción del ácido fólico y la vitamina B12. La vitamina C también pertenece al grupo de vitaminas hidrosolubles.

En la tabla 1, se observan los alimentos fuentes y las funciones de las vitaminas.

Tabla 1. Alimentos fuentes y funciones de las vitaminas

Nombre	Fuentes	Funciones y beneficios en los adultos mayores
Vitamina A	Lácteos, las carnes, el pescado, el huevo, el hígado. Frutas y verduras amarillas como la zanahoria, ahuyama, papaya, mango, tomate	Síntesis de proteínas. Integridad de los tejidos. Integridad de la conjuntiva y la córnea. Adaptación del ojo a la luz crepuscular. Liberación del hierro del hígado.
Vitamina D	Lácteos, huevos, el pescado	Mineralización ósea. Reducción del riesgo de fracturas.
Vitamina E	Pescados, aceites de oliva, de maíz, de girasol, de soya, las almendras.	Efecto antioxidante podría potencialmente disminuir los efectos del Alzheimer. Hace parte de las membranas de las células.
Vitamina K	Verduras de hojas verdes frescas como el brócoli, la lechuga y la espinaca. Hígado.	Síntesis de proteínas que participan en la coagulación.
Vitamina B1 o tiamina	Cereales, legumbres, carne de cerdo, hígado de vacuno.	Ayuda a prevenir los trastornos cognitivos.
Vitamina B2 o rivoflavina	Leche de vaca, huevos, hígado vacuno, carne de cerdo, pescados, hortalizas verdes.	Participa en el metabolismo de la energía, las proteínas, la vitamina B6 y ácido fólico.
Niacina	Carnes, pescados, huevos, aves, leguminosas	Metabolismo energético.
Vitamina B o piridoxina	Carne, pollo, huevos, pescados	Metabolismo de las proteínas
Vitamina B12	Alimentos de origen animal: carne, aves, huevos, lácteos.	Interviene en el metabolismo del ácido fólico y del colesterol. Disminuye por la presencia de gastritis atrófica propia de esta edad. Previene el deterioro cognitivo del adulto mayor. Previene un tipo de anemia.
Ácido Fólico	Hígado, leche, hortalizas de hoja: lechuga, espinaca, brócoli.	Formación de los glóbulos rojos de la sangre,
Vitamina H o Biotina	Vísceras: hígado, riñón, yema de huevo, leche, pescado, hongos y levadura.	Ayuda a prevenir lesiones en la piel, trastornos musculares y caída del cabello.
Vitamina B5 o ácido pantoténico	Hígado, riñón, corazón, huevos, leches, verduras, legumbres y cereales.	Participa en el metabolismo de las proteínas, carbohidratos y grasas.
Vitamina C o ácido ascórbico	Guayaba, las frutas cítricas como la naranja, mandarina, el limón, frutas y verduras frescas.	Participa en los procesos metabólicos y estructurales y sus cualidades antioxidantes en la prevención del cáncer, enfermedades cardiovasculares y procesos degenerativos.

Fuente: elaboración propia con base en Pita-Martín de P.M.L. (2015). Aspectos nutricionales de las vitaminas y minerales en el siglo XXI. Asociación Argentina de Tecnólogos Alimentarios. Buenos Aires.

Minerales

Se encuentran en el organismo humano y cantidades apreciables en los alimentos, actualmente se considera de vital importancia la vigilancia de su consumo tanto por déficit como por exceso; desde el punto de vista nutricional se relacionan con enfermedades como la osteoporosis, accidentes cerebro vasculares e hipertensión arterial.

Entre los minerales relevantes desde el punto de vista nutricional se encuentran el calcio, el fósforo, el zinc, el magnesio, el sodio y el potasio.

En la tabla 2 se presentan los alimentos fuentes y funciones de algunos minerales relevantes para la salud.

Tabla 2. Alimentos fuentes y funciones de algunos Minerales

Mineral	Alimentos Fuentes	Funciones
Calcio	Leche y derivados lácteos, pescado, yema de huevo, leguminosas, frutos secos.	Interviene en la formación y mantenimiento de huesos y dientes. Ayuda a prevenir la pérdida de tejido óseo. Participa en la contracción muscular, incluyendo la contracción del corazón y en la transmisión de impulsos nerviosos. Ayuda al fortalecimiento de la estabilidad y permeabilidad de las membranas celulares. Hace parte de los factores de la coagulación.
Hierro	Hierro Hem, es de mayor absorción y se encuentra en Carnes rojas, vísceras como el hígado, pajarilla, corazón, pescados, pollo, mariscos. Hierro no Hem, es de menor absorción y se encuentra en vegetales como las leguminosas, las verduras de hoja verde como la acelga y la espinaca.	Es un componente de la hemoglobina, la cual transporta oxígeno por la sangre, hace parte de enzimas que intervienen en el metabolismo energético. Previene la anemia ferropénica.
Zinc	Carnes, yema de huevo, quesos, lentejas, ostras, almejas, sardinas, germen de trigo.	Interviene en la cicatrización de las heridas. Participa en las reacciones del metabolismo de los macronutrientes. Ayuda a mantener el sistema inmunitario. Es necesario en el funcionamiento de los sentidos del gusto y el olfato. Participa en la formación de óvulos y espermatozoides. Interviene en la formación de proteínas.

Fuente: elaboración propia con base en Pita-Martín de P.M.L. (2015). Aspectos nutricionales de las vitaminas y minerales en el siglo XXI. Asociación Argentina de Tecnólogos Alimentarios. Buenos Aires.

Agua

El agua es esencial para el buen funcionamiento de los riñones, evita la deshidratación, mantiene la temperatura corporal normal y ayuda en el proceso digestivo. Se recomienda estimular el consumo de agua en los intervalos de comida ya que con la edad, la sensación de sed disminuye.

El adulto mayor debe ingerir agua, líquidos como zumos y jugos preferiblemente de fruta natural con cantidades mínimas de azúcar o si es posible sin azúcar puesto que las frutas contienen fructosa. Se recomiendan de 1,5 a 2 litros de agua o líquidos que la contengan.

Porciones de alimentos recomendadas en la alimentación del adulto mayor

Con el propósito de lograr que la alimentación del adulto mayor sea completa, equilibrada, suficiente y adecuada, los alimentos deben ser suministrados en porciones adecuadas en cantidad y calidad.

El tamaño y número de porciones diarias pueden variar de acuerdo a las condiciones particulares de salud y nutrición de cada adulto mayor, en caso de presentar patologías que requieran modificaciones alimentarias, se recomienda consultar un profesional de Nutrición y Dietética, quien se encuentra capacitado para diseñar la dieta y establecer las modificaciones en el consumo de algunos alimentos, evitando restricciones innecesarias.

A continuación, se presenta una guía de las porciones sugeridas de cada uno de los grupos de alimentos para un adulto mayor que se encuentra en buenas condiciones de salud y nutrición, por lo que no requiere modificaciones a la alimentación habitual.

Tabla 3. Distribución de porciones de alimentos para una dieta adecuada en calorías sin restricciones alimentarias - Adulto mayor saludable -

Alimentos	Nutrientes que aportan	Porciones diarias sugeridas	Unidades de medida para 1 porción
	Proteína, calcio y Vitaminas A y B	2 a 3 porciones	1 taza de leche descremada 1 yogur bajo en calorías 1 rebanada de queso blanco
Leche y derivados Lácteos: **Bajos en grasa. Leche deslactosada solo en casos de intolerancia**			
	Proteínas, hierro, zinc y cobre	2 a 3 porciones	1 porción de pescado 1 huevo, 1- 2 veces por semana 1 porción de pollo o pavo sin piel
Pescado, pollo, carnes y huevos			
	Vitaminas A, C, antioxidantes, magnesio, potasio y fibra dietaría	2 a 3 porciones	1 plato o 2 porciones: zanahoria, lechuga, repollo, coliflor, apio, brócoli, tomate
Verduras y hortalizas			
	Vitaminas A, C, antioxidantes, y fibra dietaría	2 a 3 porciones	1 naranja, mandarina, manzana, pera 2 duraznos, kiwi 1 rebanada de melón, papaya, piña, patilla, mango
Frutas			
	Aportan fibra, energía, vitaminas	1 o 2 veces por semana	1 pocillo de lentejas, frijoles, arvejas, garbanzos cocidos
Leguminosas			
	Aportan calorías, hidratos de carbono, fibra dietaría y proteína	2 porciones	1 taza de arroz ó espaguetis 1 vaso de avena
Cereales y productos derivados			

	Plátanos y tubérculos aportan calorías, hidratos de carbono y fibra dietaria	2 a 3 porciones	1 porción de papa mediana 2 astillas de yuca 1 trozo de plátano

Plátanos y tubérculos

	Azúcares, grasa	2 porciones	1 cucharada

Azúcares, dulces y postres

	Grasas	3 porciones	1 cucharada de aceite de girasol 1 tajada de aguacate 2 cucharadas de maní

Grasas

Medidas caseras útiles para determinar las porciones a servir

El uso de medidas caseras para la medición de las porciones ayuda a controlar las cantidades de alimentos consumidas y a evitar el exceso o déficit en el consumo de alimentos que puede asociarse a situaciones de malnutrición. En la tabla 4 se sugieren algunas medidas caseras que ayudan al servido de las porciones de alimentos.

Tabla 4. Medidas caseras para estimar el tamaño de las porciones de alimentos

Unidad de medida		Volumen	Medida equivalente
Un pocillo		250 mililitros	
Medio pocillo		125 mililitros	
Un tercio de pocillo		80 mililitros	
Un cuarto de pocillo		60 mililitros	
15 mililitros	1 cuchara sopera	=	
5 mililitros		=	1 cucharadita

Frecuencia y tiempos de comida

La frecuencia y tiempos de comida en los adultos mayores están determinados por sus necesidades de calorías y nutrientes, las cuales dependen del estado de salud y nutrición, aspectos que deben ser tenidos en cuenta para asegurar una alimentación balanceada y placentera, elaborada según las necesidades emocionales y físicas de este grupo de personas.

El apetito en los adultos mayores disminuye, por lo tanto, la cantidad de alimentos ingeridos tienden a declinar, por lo que es importante ofrecer una dieta atractiva, en cantidad adecuada y adaptada a sus preferencias alimentarias.

Se recomienda la alimentación fraccionada es decir comidas pequeñas y frecuentes, especialmente cuando el apetito disminuye; los adultos mayores pueden comer cuatro a cinco veces al día: desayuno, merienda, almuerzo, merienda y cena; algunos suelen no comer en la noche, sin embargo, es importante mantener una comida liviana al atardecer para evitar largos períodos de ayuno y mejorar las funciones metabólicas en el organismo.

El consumo de dietas saludables puede revertir o retrasar muchos de los cambios asociados al proceso de envejecimiento, asegurando de este modo que los adultos mayores puedan continuar viviendo en forma independiente y disfrutando de una buena calidad de vida, que les permita compartir activamente dentro de la familia y la comunidad.

Cuando las personas no sienten deseos de comer o cuando se encuentran enfermas se recomiendan las siguientes pautas para ayudar a estimular el apetito:

- Presentar los alimentos atractivos y apetitosos.
- Favorecer momentos de comidas agradables.
- Ofrecer entre 5 o 6 comidas pequeñas en lugar de las tres comidas grandes.
- Si el adulto mayor no presenta limitaciones físicas, estimularla a caminar antes de las comidas para estimular el apetito y la digestión de los alimentos.

Pautas generales

Sobre las bebidas

Disminuir el consumo de bebidas estimulantes como el té y el café, debido a que alteran el sueño y son diuréticos.

Sal

Se recomienda evitar utilizar el salero en la mesa, puesto que los alimentos ya contienen la sal adicionada en el proceso de preparación. Así mismo, se debe evitar el consumo de alimentos procesados como carnes frías, enlatados, las galletas saladas y las comidas preparadas, los cuales contienen altas cantidades de sal.

Se sugiere leer cuidadosamente la etiqueta de los alimentos al momento de comprarlos, con el fin de preferir aquellos que contienen menos sodio, componente químico de la sal de cocina.

Preparación de los alimentos

Las carnes y lo pescados deben prepararse a la plancha, al vapor o al horno; condimentados con jugo de limón, cebolla y sal moderada.

Textura de los alimentos

Se recomiendan alimentos adecuados en texturas adaptadas al estado de la dentadura, a la capacidad de deglución tales como verduras cocidas, frutas rayadas, en flanes y compotas o en jugo con bajo contenido de azúcar, papas cocidas, en puré o ensalada y sopas en crema.

Azúcares y dulces

Evitar el consumo de alimentos con alto contenido de azúcar e hidratos de carbono refinados y de elevado índice glicémico, como las galletas y otras golosinas.

Fibra

Consumir alimentos fuentes de fibra como frutas, verduras, cereales de grano entero como pan integral, avena, salvado de trigo.

Grasas

El aceite contiene ácidos grasos esenciales para la salud, se puede suministrar una pequeña cantidad en su alimentación diaria. La grasa poliinsaturada del tipo omega 3, presente en pescados, aceites de semillas, frutos secos posee un efecto protector para las enfermedades cardiovasculares puesto que disminuye la viscosidad de la sangre, el colesterol total y los triglicéridos sanguíneos, reduciendo así el riesgo de formación de trombos y la grasa monoinsaturada, presente en el aceite de oliva, en el aguacate y las nueces, posee un efecto beneficioso al aumentar el colesterol bueno y evitar la oxidación del llamado colesterol malo, principal responsable de la aterosclerosis o formación de placas en venas y arterias.

La alimentación juega un papel muy importante tanto en la prevención como en el tratamiento de enfermedades cardiovasculares como la angina, infarto de miocardio, por lo que es importante reducir el aporte de alimentos ricos en grasa saturada como lácteos completos, carnes semi-grasas y grasas, fiambres, embutidos, nata, mantequilla, repostería industrial con aceites de coco o de palma.

Se recomienda utilizar preferiblemente aceites vegetales de soya, maíz, girasol, oliva y preferir las carnes magras, pollo sin piel y pescados.

Alimentación en adultos mayores en condiciones especiales

Alimentación en el adulto mayor dependiente

Algunas personas mayores presentan dificultades para alimentarse por sí mismas, otras son capaces de hacerlo, pero necesitan ayuda para manejar ciertos cubiertos o utensilios y llevar los alimentos a la boca.

A continuación, se presenta el procedimiento para alimentar de mejor forma a un adulto(a) mayor que debido a condiciones de salud tiene limitaciones o no puede hacerlo por sí mismo.

- Sentarse en una silla en una ubicación que le permita al adulto mayor que va a recibir la comida verlo u oírlo. Quien le va a suministrar los alimentos debe mantener comunicación, puede hablarle de la comida que le está ofreciendo.
- Ayudarle a lavar sus manos, en caso que no pueda hacerlo por sí mismo(a).
- Ayudarle al adulto mayor a sentarse en una posición cómoda. Si la condición de la persona lo permite, puede ayudarle a sentarse en una silla o levantar la cabecera de la cama.
- Si la persona presenta parálisis debido a un ataque cerebral, coloque la cuchara en el lado de la boca que tiene sensibilidad.
- Suministrar bocados pequeños colocando la comida sólida en la punta de la cuchara.
- Realizar pausas entre un bocado y otro, observar la garganta para asegurarse que la comida ha sido ingerida.

Alimentando al adulto mayor invidente

Para asistir en la alimentación a los adultos mayores invidentes es importante establecer comunicación permanente, explicar a la persona qué clase de comida hay en el plato, la apariencia y cómo ha sido preparada, para motivar al consumo de los alimentos.

Aplicar las recomendaciones descritas para el consumo de alimentos de las personas que requieren ayuda, mencionados anteriormente, cuando lo necesite.

Uso de suplementos nutricionales en el adulto mayor

Los suplementos nutricionales son fórmulas o preparados nutricionalmente completos o nó en cuanto a su composición de uno o más nutrientes, suelen contener vitaminas y minerales en cantidades inferiores a las recomendadas, por lo que no pueden ser utilizados como única fuente nutricional a largo plazo. Se utilizan para evitar o corregir el riesgo de desnutrición o la desnutrición, en personas que no alcanzan a cubrir sus necesidades nutricionales con la alimentación consumida, al menos en dos terceras partes; no deben reemplazar las comidas cuando el individuo puede comer bien.

Existen diferentes tipos de suplementos de acuerdo a la modificación y aporte de nutrientes; la prescripción del suplemento nutricional en un adulto mayor debe ser realizada por el médico o la nutricionista-dietista, puesto que se debe indicar el suplemento apropiado según la capacidad funcional del tracto digestivo, la enfermedad de base, el grado de hipermetabolismo, las necesidades de nutrientes y el volumen indicado.

Glosario

CALORÍAS: Unidad de medida que se usa para conocer la cantidad de energía que aportan los alimentos, son necesarias porque proporcionan la energía que el organismo requiere para funcionar adecuadamente.

CARBOHIDRATOS: Fuente principal de energía para el organismo, son los almidones y azúcares que se encuentran en cereales y sus derivados como el pan, galletas, pasta para sopa, cereales para el desayuno, tubérculos, plátanos, azúcares y dulces.

CEREALES: Semillas de las plantas gramíneas: trigo, avena, cebada, centeno, arroz, maíz, mijo etc. Todos aquellos que conservan su corteza son los llamados integrales, más ricos en minerales, vitaminas y fibras vegetales.

DIURÉTICO: Toda sustancia que al ser ingerida provoca una eliminación de agua y minerales como el sodio en el organismo, a través de la orina.

ENFERMEDADES CRÓNICAS: Enfermedades relacionadas con la dieta, la nutrición y otras características del estilo de vida, como el sedentarismo y el tabaquismo; representan una carga importante para la salud pública, tanto en términos de costo directo para la sociedad como en años de vida ajustados por discapacidad. Algunas de estas enfermedades son obesidad, diabetes, enfermedad cardiovascular, cáncer, osteoporosis, entre otras.

ESTADO NUTRICIONAL: Condición que resulta del balance en la ingesta de nutrientes y el gasto necesario para cubrir las necesidades fisiológicas óptimas.

FIBRA DIETARIA: Constituyente no nutritivo presente principalmente en la pared celular de los tejidos vegetales de leguminosas, cereales, frutas y verduras.

GRASA: Nutriente que aporta mayor energía en la alimentación, proviene de dos fuentes, grasa visible y grasa invisible; la visible es aquella que se utiliza para cocinar o que se añade para condimentar algunas preparaciones – ensaladas-, como los aceites, margarinas y mantequillas o la que se encuentra alrededor de la carne o la piel del pollo, que puede ser retirada y no consumirse.

GRASA INSATURADA: Grasa que se encuentran en alimentos de origen vegetal como los aceites de oliva, girasol o maíz; también en frutos secos como nueces, almendras; en semillas como girasol, lino. Los aceites de coco o de palma, aunque son aceites de origen vegetal, contienen ácidos grasos saturados, en lugar de ácidos grasos insaturados. La grasa insaturada puede ser grasa monoinsaturada o grasa poliinsaturada

GRASA SATURADA: Es aquella que se encuentra en alimentos de origen animal como carnes, embutidos, leche y sus derivados (queso, helados); se solidifican a temperatura ambiente. Se pueden encontrar también en aceites de origen vegetal como los aceites de coco o de palma. Su consumo favorece un aumento de los niveles de colesterol en sangre, especialmente el colesterol malo, uno de los principales factores de riesgo para enfermedades del corazón.

LEGUMINOSAS: Cualquier fruto o semilla que crece en una vaina, como los frijoles, lentejas, garbanzos, arvejas, soya.

MALNUTRICIÓN: Es el desbalance entre la ingesta y el gasto de nutrientes que ocasionan deficiencias como desnutrición o excesos como sobrepeso y obesidad.

OSTEOPOROSIS: Enfermedad de los huesos ocasionada por déficit de calcio; se caracteriza por disminución de la masa ósea que da lugar a fracturas especialmente en las muñecas, la columna vertebral y las caderas.

PORCIÓN: Es la cantidad de un alimento considerada razonable para el consumo, la medición de las porciones a evitar el exceso o déficit en el consumo de los alimentos.

PROTEÍNA: Nutriente que tiene como función principal es la formación tejidos, como piel, pelo, uñas y músculos, aporta energía al cuerpo; las principales fuentes de proteína de buena calidad son los alimentos de origen animal -carne, pescado, huevo o leche-; además se encuentra en los vegetales como las leguminosas y en menor cantidad en cereales.

VERDURAS: Son las hortalizas de hoja verde y aquellas plantas comestibles que se cultivan en las huertas o aquellas partes comestibles de las plantas como hojas, tallos, raíces, flores y semillas.

VITAMINAS: Son sustancias imprescindibles para el buen funcionamiento del organismo, ya que el ser humano es incapaz de sintetizarlas, es necesario que se aporten a través de la dieta sea adecuado y suficiente.

Bibliografía

Bolet M, Socarrás M. (2009). La alimentación y nutrición de las personas mayores de 60 años. Rev haban cienc méd [online]. 8(1).

Caja de Compensación Familiar de Caldas, Instituto Colombiano de Bienestar Familiar Regional Caldas. (2007). Guías Educativas para facilitadores en Temas de Nutrición. Manizales, Caldas. Año

DANE. Censo General (2005). http://www.dane.gov.co/ index.php/estadisticas-por-tema/demografia-y-poblacion/censo-general-2005-1 [citado julio 28 de 2017].

INCAP. (2012). Alimentación de Adulto mayor sano. Disponible en: http://www.incap.int/dmdocuments/inf-edu-alimnut- COR/temas/. [Citado el 20 de agosto de 2017].

Instituto Colombiano de Bienestar Familiar. (2015). Documento Técnico Guías Alimentarias basadas en Alimentos para la población Colombiana Mayor de 2 años.

Instituto de Nutrición y Salud Kellogg's. (2017). Las calorías. Disponible en: https://www.insk.com/conoce-mas/preguntale-al-experto/que-son-las-calorias-buenas-o-malas-aliadas-o-enemigas/ [Citado el 5 de Agosto de 2017].

Ministerio de Salud y Protección Social. (2016). Resolución No. 003803 del 22 de agosto de 2016. Recomendaciones de Energía y nutrientes para la población colombiana. Bogotá.

Pita-Martín de P.M.L. (2015). Aspectos nutricionales de vitaminas y minerales en el siglo XXI. Buenos Aires. Asociación Argentina de Tecnólogos Alimentarios.

Queralt M. (2014). La Alimentación de las personas mayores. Disponible en: http://www.mapfre.es/salud/es/cinformativo/recomendaciones-dieteticas-ancianos.shtml. [Citado el 10 de agosto de 2017].

Salud180. (2017). Diurético. Disponible en: http://www.salud180.com/salud-z/diuretico. [Citado el 5 de octubre de 2017].

Varela L. (2013). Nutrición en el Adulto Mayor. Rev Med Hered, 24(3):183-5.

Zona Diet. (2017). Cereales: ventajas de su consumo cotidiano. Disponible en: http://www.zonadiet.com/comida/cereales.html. [Citado el 5 de octubre de 2017].